수학 좀 한다면

디딤돌 연산은 수학이다 1B

펴낸날 [초판 1쇄] 2023년 11월 20일 [초판 2쇄] 2024년 7월 15일
펴낸이 이기열
펴낸곳 (주)디딤돌 교육
주소 (03972) 서울특별시 마포구 월드컵북로 122 청원선와이즈타워
대표전화 02-3142-9000
구입문의 02-322-8451
내용문의 02-323-9166
팩시밀리 02-338-3231
홈페이지 www.didimdol.co.kr
등록번호 제10-718호
구입한 후에는 철회되지 않으며 잘못 인쇄된 책은 바꾸어 드립니다.

1 손으로 푸는 100문제보다 머리로 푸는 10문제가 수학 실력이 된다.

계산 방법만 익히는 연산은 '계산력'은 기를 수 있어도 '수학 실력'으로 이어지지 못합니다.
계산에 원리와 방법이 있는 것처럼 계산에는 저마다의 성질이 있고 계산과 계산 사이의 관계가 있습니다.
또한 아이들은 계산을 활용해 볼 수 있어야 하고 계산을 통해 수 감각을 기를 수 있어야 합니다.
이렇듯 계산의 단면이 아닌 입체적인 계산 훈련이 가능하도록 하나의 연산을 다양한 각도에서
생각해 볼 수 있는 문제들을 수학적 설계 근거를 바탕으로 구성하였습니다.

지금까지의 연산

기존의 연산학습 방식은 가로셈, 세로셈의 반복학습 중심이었기 때문에 계산력을 기르기에 지나지 않았습니다. 연산학습이 수학 실력으로 이어지려면 가로셈, 세로셈을 포함한 **전후 단계의 체계적인 문제들로 학습**해야 합니다.

기존 연산책의 학습 범위

- 1일차 세로셈
- 2일차 가로셈

디딤돌 연산

수학적 의미에 따른 연산의 분류

❶ 연산의 원리
❷ 연산의 성질
❸ 연산의 활용
❹ 연산의 감각

수학적 의미에 따라 연산을 크게 4가지로 분류하여 문항을 설계하였습니다. 입체적인 문제 구성으로 계산 훈련만으로도 수학의 개념과 법칙을 이해할 수 있습니다.

곱셈의 원리
01 수를 갈라서 계산하기

곱셈의 원리
02 자리별로 계산하기

곱셈의 원리
03 세로셈

곱셈의 원리
04 가로셈

곱셈의 성질
05 묶어서 곱하기

곱셈의 감각
09 크기 어림하기

5학년 A

혼합 계산의 원리	수의 원리	덧셈과 뺄셈의 원리
혼합 계산의 성질	수의 성질	덧셈과 뺄셈의 성질
혼합 계산의 활용	수의 활용	덧셈과 뺄셈의 감각
혼합 계산의 감각	수의 감각	

5학년 B

곱셈의 원리
곱셈의 성질
곱셈의 활용
곱셈의 감각

6학년 A

나눗셈의 원리	비와 비율의 원리
나눗셈의 성질	
나눗셈의 활용	
나눗셈의 감각	

6학년 B

나눗셈의 원리	혼합 계산의 원리	비와 비율의 원리
나눗셈의 성질	혼합 계산의 성질	비와 비율의 성질
나눗셈의 활용	혼합 계산의 감각	비와 비율의 활용
나눗셈의 감각		

연산의 원리	연산의 성질	연산의 활용	연산의 감각
계산 원리	계산 순서/교환법칙	상황에 맞는 계산	어림하기
계산 방법	결합법칙/분배법칙	규칙의 발견과 적용	연산의 다양성
자릿값	덧셈과 뺄셈의 관계	추상화된 식의 계산	수의 조작
사칙연산의 의미	곱셈과 나눗셈의 관계		
덧셈과 곱셈의 관계	0과 1의 계산		
뺄셈과 나눗셈의 관계	등식		

3학년 A

덧셈과 뺄셈의 원리	나눗셈의 원리	곱셈의 원리
덧셈과 뺄셈의 성질	나눗셈의 활용	곱셈의 성질
덧셈과 뺄셈의 활용	나눗셈의 감각	곱셈의 활용
덧셈과 뺄셈의 감각		곱셈의 감각

1 받아올림이 없는 (세 자리 수)+(세 자리 수)
2 받아올림이 한 번 있는 (세 자리 수)+(세 자리 수)
3 받아올림이 두 번 있는 (세 자리 수)+(세 자리 수)
4 받아올림이 세 번 있는 (세 자리 수)+(세 자리 수)
5 받아내림이 없는 (세 자리 수)−(세 자리 수)
6 받아내림이 한 번 있는 (세 자리 수)−(세 자리 수)
7 받아내림이 두 번 있는 (세 자리 수)−(세 자리 수)
8 나눗셈의 기초
9 나머지가 없는 곱셈구구 안에서의 나눗셈
10 올림이 없는 (두 자리 수)×(한 자리 수)
11 올림이 한 번 있는 (두 자리 수)×(한 자리 수)
12 올림이 두 번 있는 (두 자리 수)×(한 자리 수)

3학년 B

곱셈의 원리	나눗셈의 원리	분수의 원리
곱셈의 성질	나눗셈의 성질	
곱셈의 활용	나눗셈의 활용	
곱셈의 감각	나눗셈의 감각	

1 올림이 없는 (세 자리 수)×(한 자리 수)
2 올림이 한 번 있는 (세 자리 수)×(한 자리 수)
3 올림이 두 번 있는 (세 자리 수)×(한 자리 수)
4 (두 자리 수)[illegible](두 자리 수)
5 나머지가 있는 나눗셈
6 (몇십)÷(몇), (몇백몇십)÷(몇)
7 내림이 없는 (두 자리 수)÷(한 자리 수)
8 내림이 있는 (두 자리 수)÷(한 자리 수)
9 나머지가 있는 (두 자리 수)÷(한 자리 수)
10 나머지가 없는 (세 자리 수)÷(한 자리 수)
11 나머지가 있는 (세 자리 수)÷(한 자리 수)
12 분수

4학년 A

곱셈의 원리	나눗셈의 원리
곱셈의 성질	나눗셈의 성질
곱셈의 활용	나눗셈의 활용
곱셈의 감각	나눗셈의 감각

1 (세 자리 수)×(두 자리 수)
2 (네 자리 수)×(두 자리 수)
3 (몇백), (몇천) 곱하기
4 곱셈 종합
5 몇십으로 나누기
6 (두 자리 수)÷(두 자리 수)
7 몫이 한 자리 수인 (세 자리 수)÷(두 자리 수)
8 몫이 두 자리 수인 (세 자리 수)÷(두 자리 수)

4학년 B

분수의 원리	덧셈과 뺄셈의 감각
덧셈과 뺄셈의 원리	
덧셈과 뺄셈의 성질	
덧셈과 뺄셈의 활용	

1 분모가 같은 진분수의 덧셈
2 분모가 같은 대분수의 덧셈
3 분모가 같은 진분수의 뺄셈
4 분모가 같은 대분수의 뺄셈
5 자릿수가 같은 소수의 덧셈
6 자릿수가 다른 소수의 덧셈
7 자릿수가 같은 소수의 뺄셈
8 자릿수가 다른 소수의 뺄셈

2 사칙연산이 아니라 수학이 담긴 연산을 해야 초·중·고 수학이 잡힌다.

수학은 초등, 중등, 고등까지 하나로 연결되어 있는 과목이기 때문에 초등에서의 개념 형성이 중고등 학습에도 영향을 주게 됩니다.
초등에서 배우는 개념은 가볍게 여기기 쉽지만 중고등 과정에서의 중요한 개념과 연결되므로 그것의 수학적 의미를 짚어줄 수 있는 연산 학습이 반드시 필요합니다.
또한 중고등 과정에서 배우는 수학의 법칙들을 초등 눈높이에서부터 경험하게 하여 전체 수학 학습의 중심을 잡아줄 수 있어야 합니다.

초등: 자리별로 계산하기

	백	십	일
		2	2
×			5
		1	0
+	1	0	0
	1	1	0

초등: 곱하여 더해 보기

$$10 \times 2 = 20$$
$$3 \times 2 = 6$$
$$13 \times 2 = 26$$

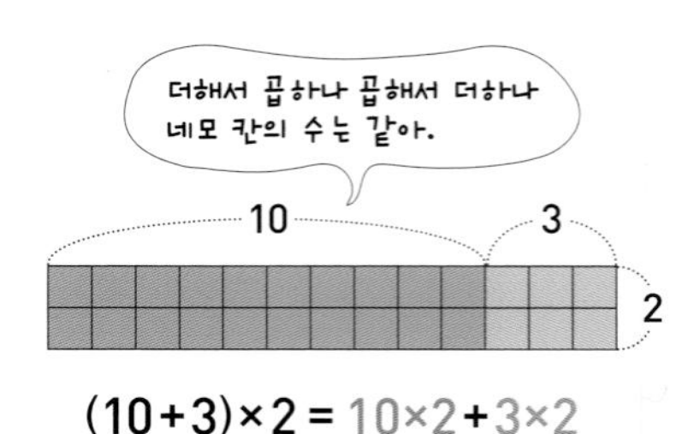

$(10+3)\times 2 = 10\times 2+3\times 2$

중등: 동류항끼리 계산하기

다항식: $2x-3y+5$
동류항의 계산: $2a+3b-a+2b=a+5b$

고등: 동류항끼리 계산하기

복소수의 사칙계산

실수 a, b, c, d에 대하여
$(a+bi)+(c+di)=(a+c)+(b+d)i$
$(a+bi)-(c+di)=(a-c)+(b-d)i$

중등: 분배법칙

곱셈의 분배법칙

$a\times(b+c)=a\times b+a\times c$

다항식의 곱셈

다항식 a, b, c, d에 대하여
$(a+b)\times(c+d)=a\times c+a\times d+b\times c+b\times d$

다항식의 인수분해

다항식 m, a, b에 대하여
$ma+mb=m(a+b)$

3 생각하고, 풀고, 느껴야 수학 개념이 남는다.

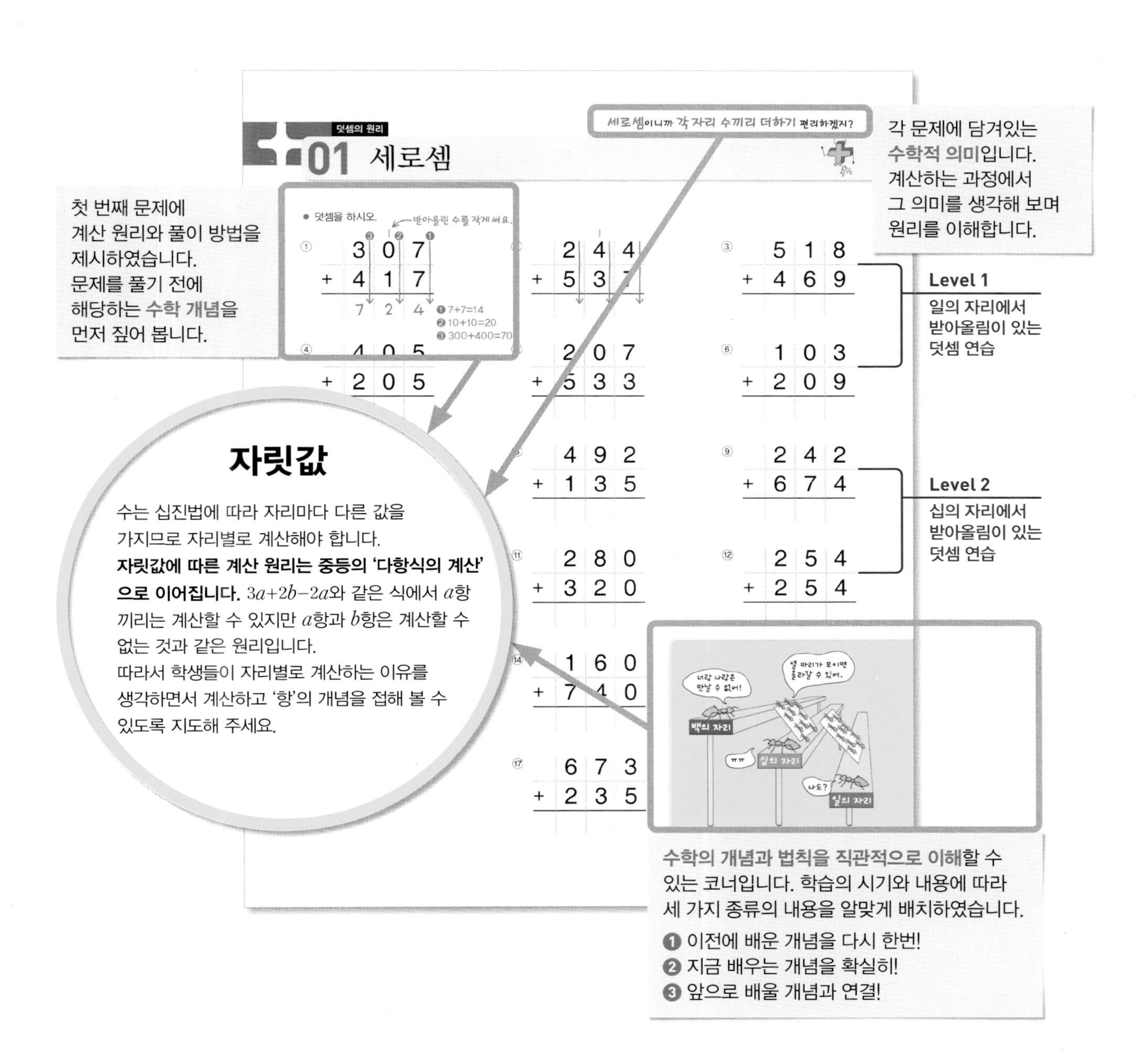

수학적 연산 분류에 따른 전체 학습 설계

1학년 A

- 수 감각
- 덧셈과 뺄셈의 원리
- 덧셈과 뺄셈의 성질
- 덧셈과 뺄셈의 감각

1 수를 가르기하고 모으기하기
2 합이 9까지인 덧셈
3 한 자리 수의 뺄셈
4 덧셈과 뺄셈의 관계
5 10을 가르기하고 모으기하기
6 10의 덧셈과 뺄셈
7 연이은 덧셈, 뺄셈

1학년 B

- 덧셈과 뺄셈의 원리
- 덧셈과 뺄셈의 성질
- 덧셈과 뺄셈의 활용
- 덧셈과 뺄셈의 감각

1 두 수의 합이 10인 세 수의 덧셈
2 두 수의 차가 10인 세 수의 뺄셈
3 받아올림이 있는 (몇)+(몇)
4 받아내림이 있는 (십몇)−(몇)
5 (몇십)+(몇), (몇)+(몇십)
6 받아올림, 받아내림이 없는 (몇십몇)±(몇)
7 받아올림, 받아내림이 없는 (몇십몇)±(몇십몇)

2학년 A

- 덧셈과 뺄셈의 원리
- 덧셈과 뺄셈의 성질
- 덧셈과 뺄셈의 활용
- 덧셈과 뺄셈의 감각

1 받아올림이 있는 (몇십몇)+(몇)
2 받아올림이 한 번 있는 (몇십몇)+(몇십몇)
3 받아올림이 두 번 있는 (몇십몇)+(몇십몇)
4 받아내림이 있는 (몇십몇)−(몇)
5 받아내림이 있는 (몇십몇)−(몇십몇)
6 세 수의 계산(1)
7 세 수의 계산(2)

2학년 B

- 곱셈의 원리
- 곱셈의 성질
- 곱셈의 활용
- 곱셈의 감각

1 곱셈의 기초
2 2, 5단 곱셈구구
3 3, 6단 곱셈구구
4 4, 8단 곱셈구구
5 7, 9단 곱셈구구
6 곱셈구구 종합
7 곱셈구구 활용

수학을 품은 연산 **1B**

디딤돌
연산은
수학이다.

디딤돌

수학적 의미에 따른 연산의 분류

같아 보이지만 완전히 다릅니다!

1. 입체적 학습의 흐름

연산은 수학적 개념을 바탕으로 합니다.
따라서 단순 계산 문제를 반복하는 것이 아니라 원리를 이해하고, 계산 방법을 익히고,
수학적 법칙을 경험해 볼 수 있는 문제를 다양하게 접할 수 있어야 합니다.
연산을 다양한 각도에서 생각해 볼 수 있는 문제들로 계산력을 뛰어넘는 수학 실력을 길러 주세요.

연산

덧셈의 원리 ▸ 계산 원리 이해
02 수를 가르기하여 더하기

본 학습에 들어가기 전에 필요한 도움닫기 문제입니다.
이전에 배운 내용과 연계하거나 단계를 주어 계산 원리를
쉽게 이해할 수 있도록 하였습니다.

덧셈의 원리 ▸ 계산 방법 이해
05 가로셈

덧셈의 원리 ▸ 계산 방법 이해
06 세로셈

가장 기본적인 계산 문제입니다.
본 학습의 계산 원리를 익힐 수 있도록
충분히 연습합니다.

기존 연산책의 학습 범위

덧셈의 원리 ▸ 계산 원리 이해
07 다르면서 같은 덧셈

덧셈의 활용 ▸ 합병
08 합하면 모두 얼마가 될까?

덧셈의 활용 ▸ 첨가
09 늘어나면 모두 얼마가 될까?

연산의 원리, 성질들을 느끼고 활용해 보는 문제입니다.
하나의 연산 원리를 다양한 관점에서 생각해 보고
수학의 개념과 법칙을 이해합니다.

덧셈의 감각 ▸ 수의 조작
10 합이 같도록 선 긋기

덧셈의 성질 ▸ 등식
11 등식 완성하기

연산의 원리를 바탕으로 수를 다양하게 조작해 보고
추론하여 해결하는 문제입니다. 앞서 학습한 연산의 원리,
성질들을 이용하여 사고력과 수 감각을 기릅니다.

수학

2. 입체적 학습의 구성

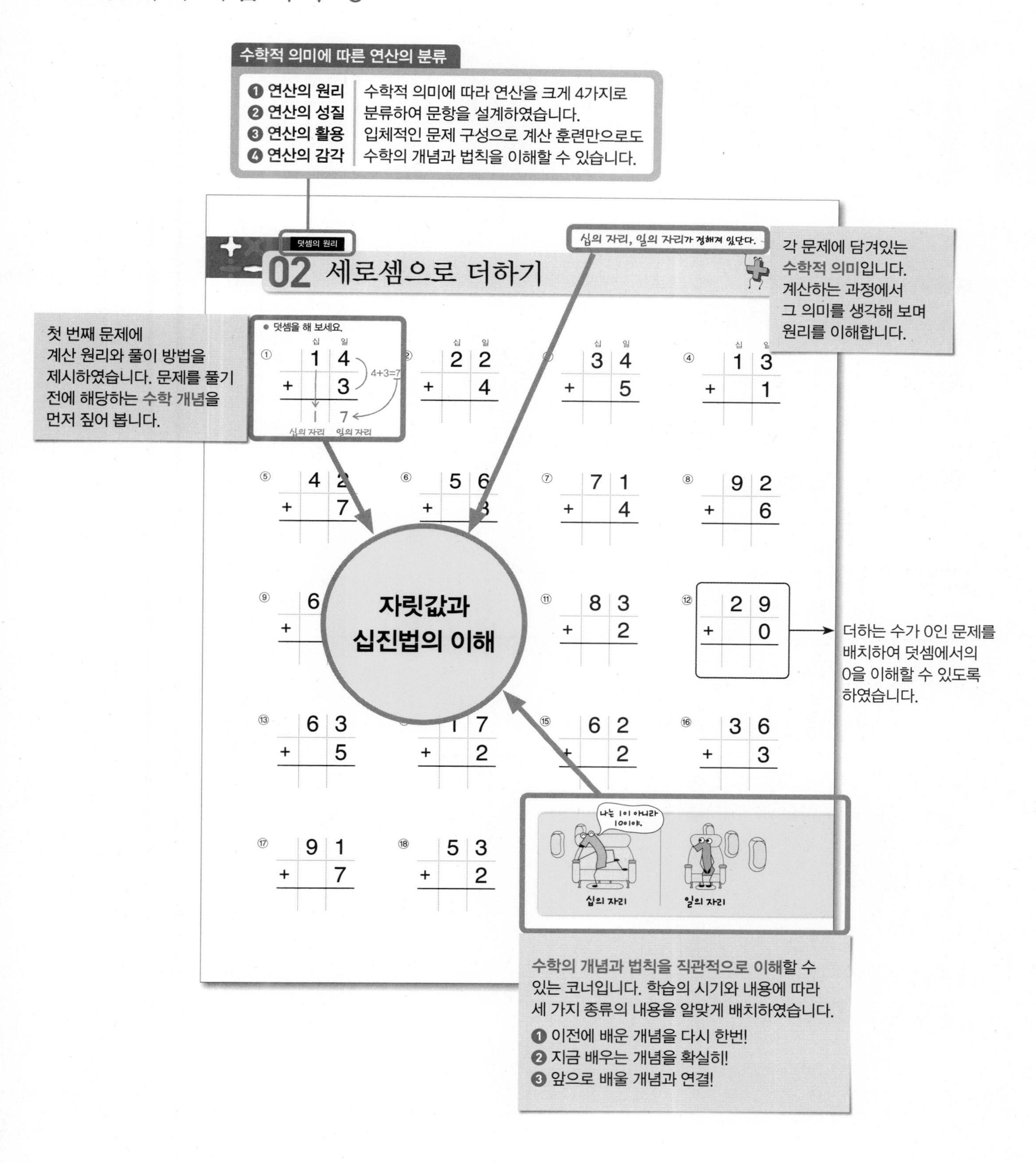

수학적 의미에 따른 연산의 분류
❶ 연산의 원리
❷ 연산의 성질
❸ 연산의 활용
❹ 연산의 감각
수학적 의미에 따라 연산을 크게 4가지로 분류하여 문항을 설계하였습니다. 입체적인 문제 구성으로 계산 훈련만으로도 수학의 개념과 법칙을 이해할 수 있습니다.
덧셈의 원리
02 세로셈으로 더하기
십의 자리, 일의 자리가 정해져 있단다.
각 문제에 담겨있는 수학적 의미입니다. 계산하는 과정에서 그 의미를 생각해 보며 원리를 이해합니다.
첫 번째 문제에 계산 원리와 풀이 방법을 제시하였습니다. 문제를 풀기 전에 해당하는 수학 개념을 먼저 짚어 봅니다.
● 덧셈을 해 보세요.
4+3=7
십의 자리
일의 자리
자릿값과 십진법의 이해
더하는 수가 0인 문제를 배치하여 덧셈에서의 0을 이해할 수 있도록 하였습니다.
나는 1이 아니라 10이야.
십의 자리
일의 자리
수학의 개념과 법칙을 직관적으로 이해할 수 있는 코너입니다. 학습의 시기와 내용에 따라 세 가지 종류의 내용을 알맞게 배치하였습니다.
❶ 이전에 배운 개념을 다시 한번!
❷ 지금 배우는 개념을 확실히!
❸ 앞으로 배울 개념과 연결!

두 수의 합이 10인 세 수의 덧셈

10이 되는 두 수를 먼저 더하자!

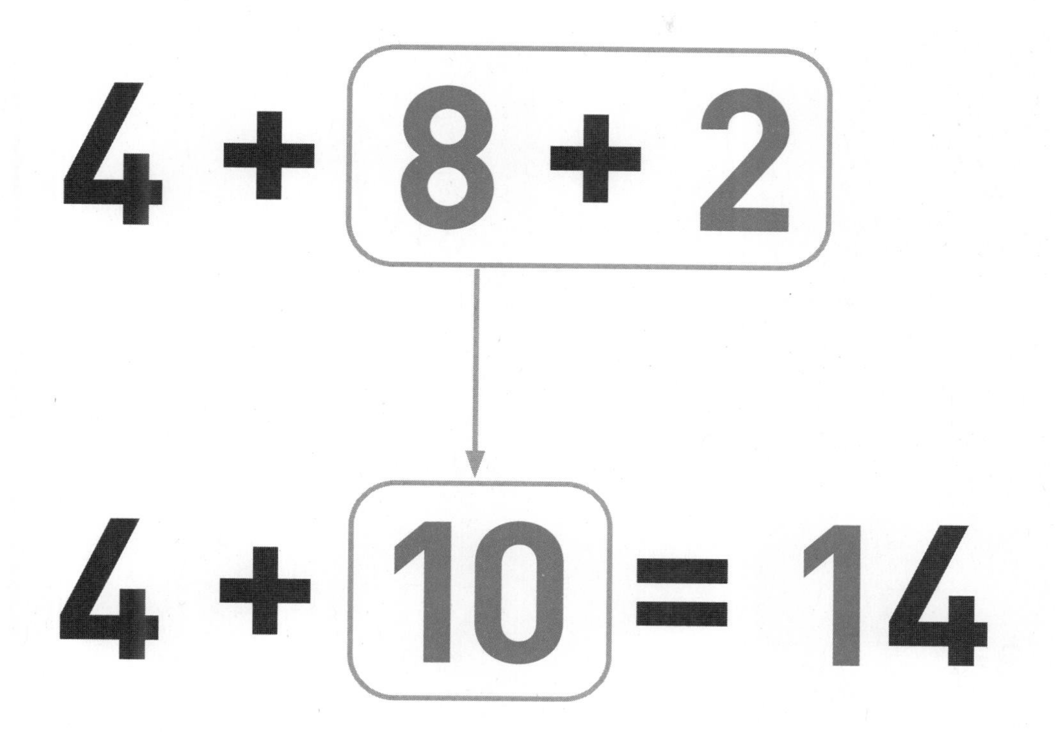

막대를 거꾸로 돌려도
길이는 변하지 않지?
그러니까 덧셈은 순서를
바꾸어 계산해도 답이 같아.

01 그림을 그려 더하기

몇을 더해야 10이 될까?

● 구슬이 10개가 되도록 ○를 그리고 덧셈을 해 보세요.

①

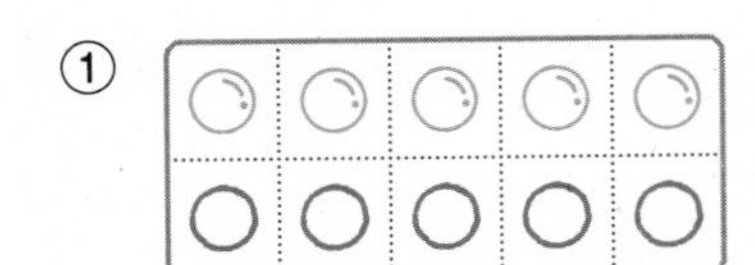

❶ 5개를 더 그려야 10개가 돼요.

5+5+3= 13

❷ 합이 10이 되는 두 수를 먼저 더해요.

❸ 10+3=13

②

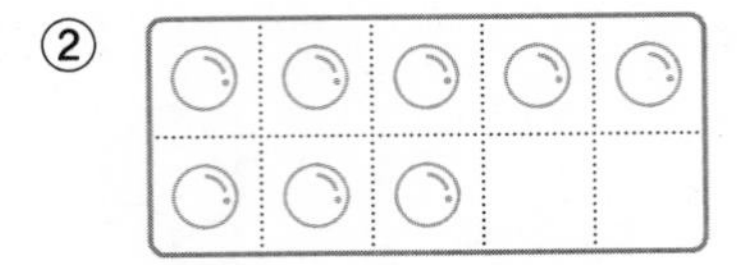

8+2+6= ______

③

5+7+3= ______

④

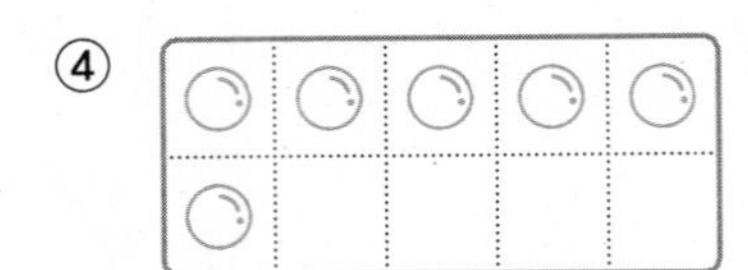

6+4+2= ______

⑤

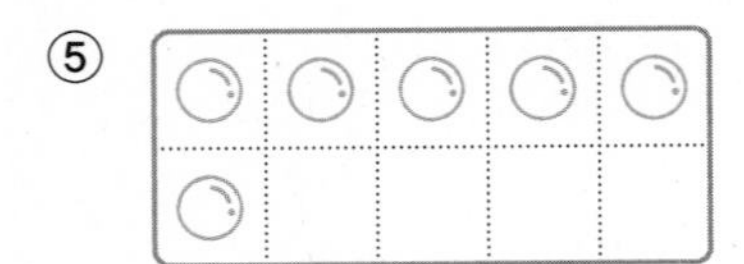

6+1+4= ______

⑥

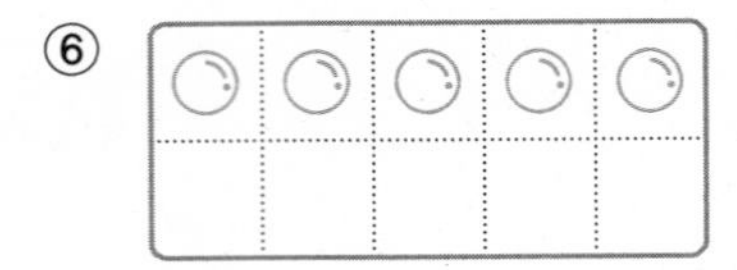

8+5+5= ______

⑦

8+4+2= ______

⑧

7+4+6= ______

⑨

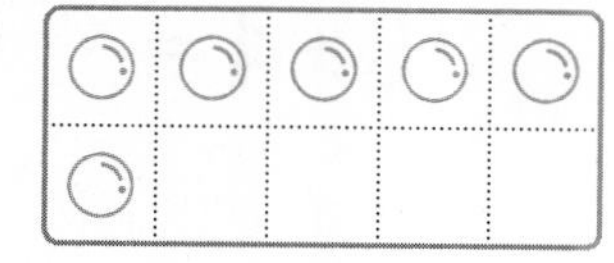

5+6+4= ______

⑩

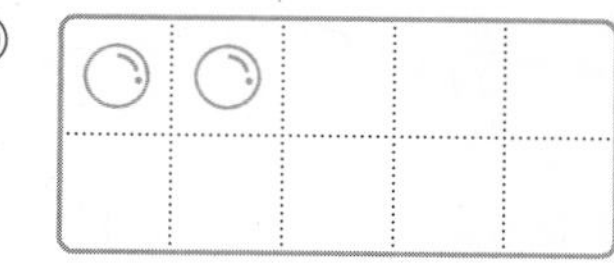

5+2+8= ______

⑪

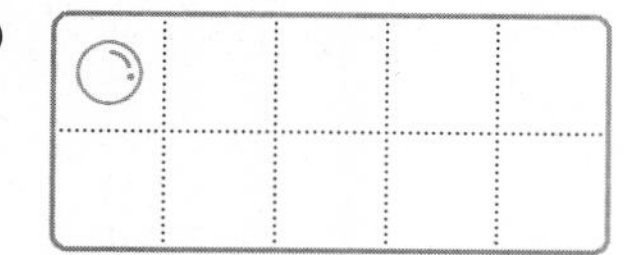

1+2+9= ______

⑫

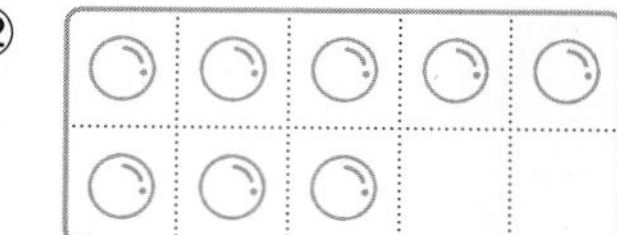

8+3+2= ______

⑬

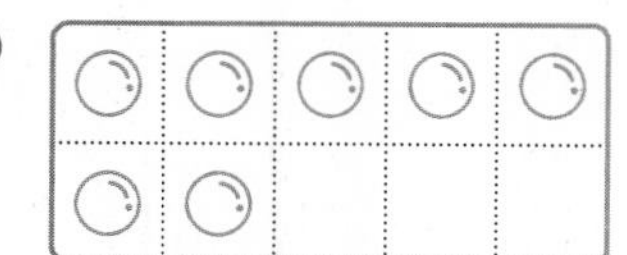

7+3+8= ______

⑭

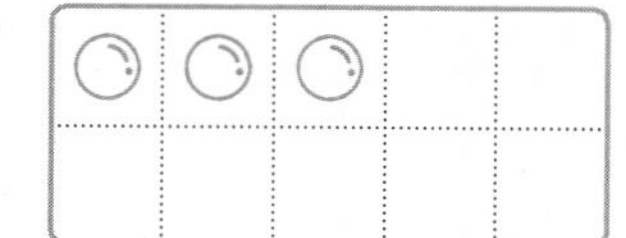

9+3+7= ______

⑮

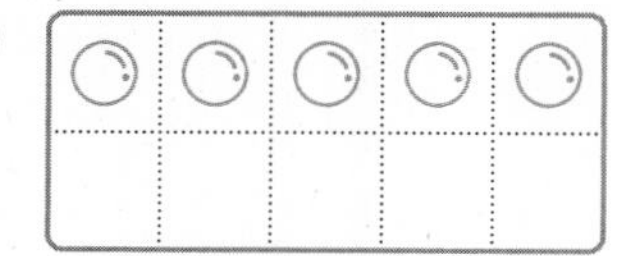

5+3+5= ______

⑯

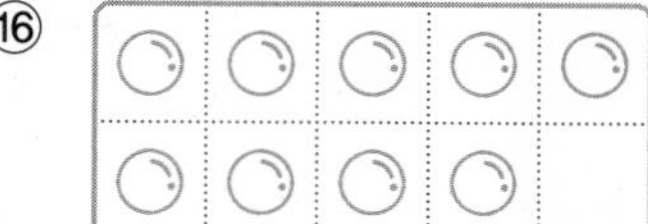

9+7+1= ______

덧셈의 원리

02 정해진 순서대로 더하기

● 정해진 순서대로 덧셈을 해 보세요.

① $7+3=$ 10, $10+5=$ 15

합이 10이 되는 두 수를 먼저 더해요.

$7+3+5=$ 15

❶ 10

❷ $10+5=$ 15

② $2+8=$ ___, $10+4=$ ___

$2+8+4=$ ☐

③ $5+5=$ ___, $6+10=$ ___

$6+5+5=$ ☐

④ $6+4=$ ___, $10+3=$ ___

$6+3+4=$ ☐

⑤ $3+7=$ ___, $10+4=$ ___

$3+7+4=$ ☐

⑥ $9+1=$ ___, $3+10=$ ___

$3+9+1=$ ☐

⑦ $1+9=$ ____ , $10+2=$ ____

$1+9+2=\square$

⑧ $4+6=$ ____ , $8+10=$ ____

$8+4+6=\square$

⑨ $8+2=$ ____ , $7+10=$ ____

$7+8+2=\square$

⑩ $5+5=$ ____ , $10+9=$ ____

$5+9+5=\square$

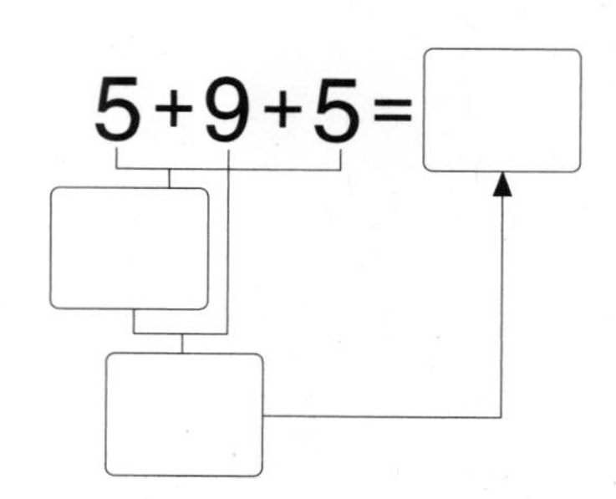

⑪ $3+7=$ ____ , $1+10=$ ____

$1+3+7=\square$

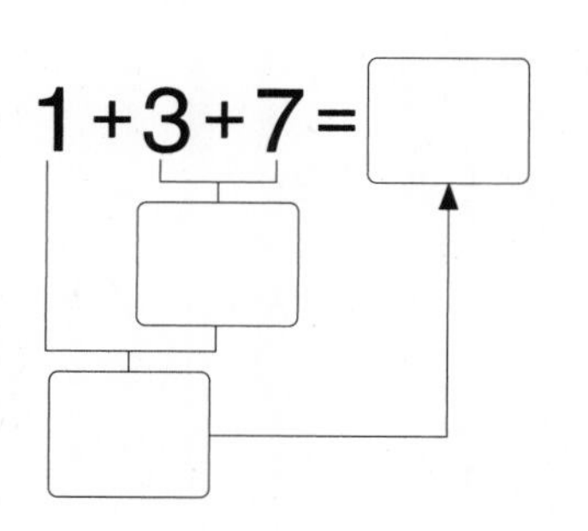

⑫ $5+5=$ ____ , $10+2=$ ____

$5+5+2=\square$

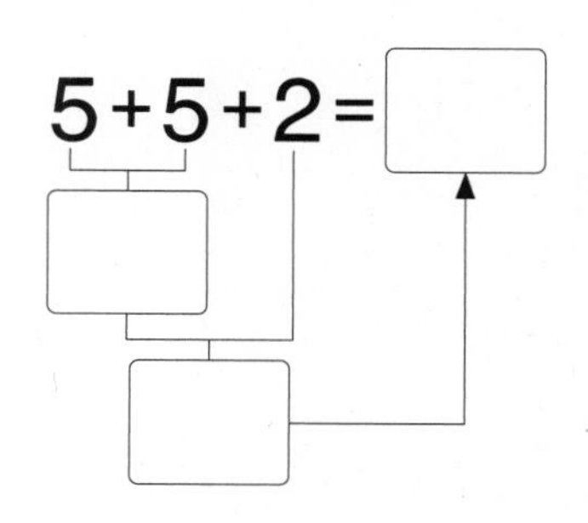

03 10이 되는 수를 찾아 가로셈하기

● 더해서 10이 되는 두 수에 ○표 하고 덧셈을 해 보세요.

① $7+3+4=14$ (10, 14)

② $9+3+7=$

③ $1+7+9=$

④ $5+3+5=$

⑤ $6+7+4=$

⑥ $6+8+2=$

⑦ $7+4+3=$

⑧ $1+5+9=$

⑨ $5+5+6=$

⑩ $1+3+9=$

⑪ $3+1+7=$

⑫ $7+8+3=$

⑬ $2+4+8=$

⑭ $5+5+1=$

⑮ $3+2+8=$

⑯ $8+1+9=$

⑰ $5+5+9=$

⑱ $6+4+7=$

⑲ $7+2+8=$

⑳ $6+9+1=$

㉑ $9+5+1=$

㉒ $4+5+5=$

㉓ $7+2+3=$

㉔ $3+8+7=$

㉕ $4+6+5=$

㉖ $6+1+9=$

㉗ $2+8+9=$

㉘ $9+3+1=$

㉙ $7+8+2=$

㉚ $7+5+3=$

㉛ 7+2+3=

㉜ 8+3+2=

㉝ 5+9+1=

㉞ 8+9+1=

㉟ 6+7+3=

㊱ 6+4+5=

㊲ 5+5+4=

㊳ 3+7+1=

㊴ 5+8+5=

㊵ 6+3+4=

㊶ 2+8+4=

㊷ 1+9+6=

㊸ 8+2+3=

㊹ 4+6+1=

㊺ 3+9+7=

㊻ 7+3+8=

㊼ 9+7+3=

㊽ 4+8+2=

㊾ 5+8+2=

㊿ 2+3+8=

(51) 4+5+6=

(52) 4+7+3=

(53) 2+8+1=

(54) 3+7+6=

(55) 2+1+9=

(56) 6+4+8=

(57) 5+4+6=

(58) 1+8+2=

04 가로셈

순서와 관계없이 10이 되는 두 수를 먼저 더해.

● 덧셈을 해 보세요.

① 5+5+1= 11 (10, 11)

② 4+6+1=

③ 1+7+3=

④ 8+6+2=

⑤ 7+2+3=

⑥ 2+5+5=

⑦ 4+3+7=

⑧ 9+1+9=

⑨ 2+7+3=

⑩ 1+9+3=

⑪ 5+9+5=

⑫ 8+5+5=

⑬ 6+5+4=

⑭ 8+5+2=

⑮ 4+9+1=

⑯ 5+4+5=

⑰ 1+4+6=

⑱ 6+7+4=

⑲ 7+3+3=

⑳ 2+6+8=

㉑ 1+7+9=

㉒ 7+8+2=

㉓ 4+8+2=

㉔ 7+8+3=

㉕ 9+5+5=

㉖ 3+7+3=

㉗ 5+5+6=

㉘ 6+3+4=

㉙ 1+6+9=

㉚ 8+2+8=

㉛ $2+8+3=$

㉜ $6+4+3=$

㉝ $5+8+2=$

㉞ $3+9+7=$

㉟ $6+5+5=$

㊱ $2+3+7=$

㊲ $1+6+4=$

㊳ $9+3+1=$

㊴ $4+1+6=$

㊵ $5+8+5=$

㊶ $2+8+5=$

㊷ $4+6+6=$

㊸ $3+7+1=$

㊹ $7+1+3=$

㊺ $2+5+8=$

㊻ $1+9+2=$

㊼ $5+5+9=$

㊽ $7+9+1=$

㊾ $8+2+5=$

㊿ $1+8+9=$

(51) $7+4+3=$

(52) $2+9+8=$

(53) $7+6+4=$

(54) $4+5+6=$

(55) $3+3+7=$

(56) $10+0+3=$

$2+4+3=6+3=9$

$3+4+2=7+2=9$

어때? 순서를 바꿔 더해도
결과가 똑같지!

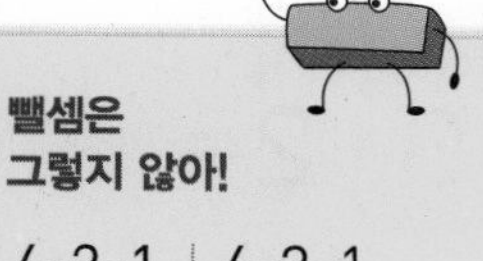

뺄셈은
그렇지 않아!

$4-2-1$ → $2-1=1$ | $4-2-1$ → $4-1=3$

$1 \neq 3$

순서와 관계없이 10이 되는 두 수를 먼저 더해.

57 $1+4+9=$

58 $8+6+2=$

59 $1+9+1=$

60 $5+5+2=$

61 $9+1+5=$

62 $3+7+9=$

63 $6+7+3=$

64 $8+7+2=$

65 $6+4+6=$

66 $4+5+5=$

67 $9+2+1=$

68 $5+7+3=$

69 $8+3+7=$

70 $7+1+9=$

71 $3+7+2=$

72 $4+9+6=$

73 $1+2+8=$

74 $1+9+6=$

75 $6+4+5=$

76 $5+7+5=$

77 $3+7+8=$

78 $6+5+4=$

79 $5+5+5=$

80 $3+6+4=$

81 $8+3+2=$

82 $7+3+6=$

83 $1+0+10=$

84 $9+8+1=$

85 $6+4+1=$

86 $10+9+1=$

10이 되는 두 수를 먼저 찾아봐.

05 10이 되는 수를 찾아 세로셈하기

● 더해서 10이 되는 두 수에 ○표 하고 덧셈을 해 보세요.

① (십, 일) 5 + 5 + 4 = 14 (5와 5에 ○표, 10, 14)

② (십, 일) 3 + 4 + 6 (4와 6에 ○표)

③ (십, 일) 9 + 5 + 1

④ (십, 일) 8 + 3 + 2

⑤ 1 + 7 + 9

⑥ 7 + 6 + 3

⑦ 8 + 2 + 9

⑧ 6 + 1 + 4

⑨ 2 + 8 + 6

⑩ 5 + 8 + 5

⑪ 3 + 1 + 9

⑫ 2 + 6 + 4

⑬ 3 + 7 + 1

⑭ 5 + 4 + 6

⑮ 9 + 8 + 1

⑯ 7 + 4 + 3

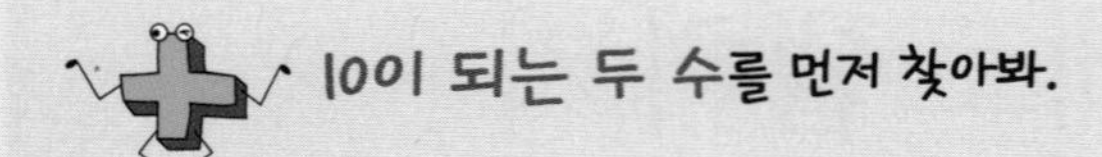

⑰ $\begin{array}{r} 6 \\ 4 \\ +\ 8 \\ \hline \end{array}$

⑱ $\begin{array}{r} 5 \\ 6 \\ +\ 5 \\ \hline \end{array}$

⑲ $\begin{array}{r} 2 \\ 4 \\ +\ 8 \\ \hline \end{array}$

⑳ $\begin{array}{r} 3 \\ 5 \\ +\ 7 \\ \hline \end{array}$

㉑ $\begin{array}{r} 7 \\ 8 \\ +\ 3 \\ \hline \end{array}$

㉒ $\begin{array}{r} 4 \\ 3 \\ +\ 6 \\ \hline \end{array}$

㉓ $\begin{array}{r} 7 \\ 5 \\ +\ 5 \\ \hline \end{array}$

㉔ $\begin{array}{r} 9 \\ 1 \\ +\ 4 \\ \hline \end{array}$

㉕ $\begin{array}{r} 6 \\ 9 \\ +\ 4 \\ \hline \end{array}$

㉖ $\begin{array}{r} 4 \\ 5 \\ +\ 5 \\ \hline \end{array}$

㉗ $\begin{array}{r} 7 \\ 3 \\ +\ 5 \\ \hline \end{array}$

㉘ $\begin{array}{r} 2 \\ 3 \\ +\ 7 \\ \hline \end{array}$

㉙ $\begin{array}{r} 4 \\ 3 \\ +\ 7 \\ \hline \end{array}$

㉚ $\begin{array}{r} 5 \\ 3 \\ +\ 5 \\ \hline \end{array}$

㉛ $\begin{array}{r} 2 \\ 7 \\ +\ 8 \\ \hline \end{array}$

㉜ $\begin{array}{r} 6 \\ 4 \\ +\ 7 \\ \hline \end{array}$

덧셈의 원리

06 세로셈

답은 일의 자리, 십의 자리에 맞추어 써야 해!

● 덧셈을 해 보세요.

① (십, 일)
$$\begin{array}{rcc} & & 2 \\ & & 5 \\ + & & 5 \\ \hline & 1 & 2 \end{array}$$
10, 12

② (십, 일)
$$\begin{array}{rcc} & & 6 \\ & & 3 \\ + & & 4 \\ \hline & & \end{array}$$

③ (십, 일)
$$\begin{array}{rcc} & & 8 \\ & & 2 \\ + & & 6 \\ \hline & & \end{array}$$

④ (십, 일)
$$\begin{array}{rcc} & & 9 \\ & & 7 \\ + & & 1 \\ \hline & & \end{array}$$

⑤
$$\begin{array}{rcc} & & 5 \\ & & 3 \\ + & & 7 \\ \hline & & \end{array}$$

⑥
$$\begin{array}{rcc} & & 1 \\ & & 8 \\ + & & 2 \\ \hline & & \end{array}$$

⑦
$$\begin{array}{rcc} & & 4 \\ & & 8 \\ + & & 6 \\ \hline & & \end{array}$$

⑧
$$\begin{array}{rcc} & & 7 \\ & & 4 \\ + & & 3 \\ \hline & & \end{array}$$

⑨
$$\begin{array}{rcc} & & 5 \\ & & 9 \\ + & & 5 \\ \hline & & \end{array}$$

⑩
$$\begin{array}{rcc} & & 8 \\ & & 2 \\ + & & 2 \\ \hline & & \end{array}$$

⑪
$$\begin{array}{rcc} & & 1 \\ & & 8 \\ + & & 9 \\ \hline & & \end{array}$$

⑫
$$\begin{array}{rcc} & & 5 \\ & & 5 \\ + & & 5 \\ \hline & & \end{array}$$

⑬
$$\begin{array}{rcc} & & 3 \\ & & 9 \\ + & & 1 \\ \hline & & \end{array}$$

⑭
$$\begin{array}{rcc} & & 2 \\ & & 6 \\ + & & 4 \\ \hline & & \end{array}$$

⑮
$$\begin{array}{rcc} & & 3 \\ & & 8 \\ + & & 7 \\ \hline & & \end{array}$$

⑯
$$\begin{array}{rcc} & & 5 \\ & & 1 \\ + & & 5 \\ \hline & & \end{array}$$

답은 일의 자리, 십의 자리에 맞추어 써야 해!

⑰
$$\begin{array}{r} 3 \\ 2 \\ +\ 8 \\ \hline \end{array}$$

⑱
$$\begin{array}{r} 6 \\ 3 \\ +\ 7 \\ \hline \end{array}$$

⑲
$$\begin{array}{r} 7 \\ 3 \\ +\ 7 \\ \hline \end{array}$$

⑳
$$\begin{array}{r} 5 \\ 3 \\ +\ 5 \\ \hline \end{array}$$

㉑
$$\begin{array}{r} 9 \\ 7 \\ +\ 3 \\ \hline \end{array}$$

㉒
$$\begin{array}{r} 1 \\ 9 \\ +\ 4 \\ \hline \end{array}$$

㉓
$$\begin{array}{r} 1 \\ 2 \\ +\ 9 \\ \hline \end{array}$$

㉔
$$\begin{array}{r} 6 \\ 4 \\ +\ 1 \\ \hline \end{array}$$

㉕
$$\begin{array}{r} 7 \\ 8 \\ +\ 2 \\ \hline \end{array}$$

㉖
$$\begin{array}{r} 5 \\ 5 \\ +\ 4 \\ \hline \end{array}$$

㉗
$$\begin{array}{r} 9 \\ 5 \\ +\ 1 \\ \hline \end{array}$$

㉘
$$\begin{array}{r} 6 \\ 4 \\ +\ 6 \\ \hline \end{array}$$

㉙
$$\begin{array}{r} 2 \\ 7 \\ +\ 3 \\ \hline \end{array}$$

㉚
$$\begin{array}{r} 6 \\ 5 \\ +\ 4 \\ \hline \end{array}$$

㉛
$$\begin{array}{r} 2 \\ 4 \\ +\ 8 \\ \hline \end{array}$$

㉜
$$\begin{array}{r} 5 \\ 8 \\ +\ 5 \\ \hline \end{array}$$

㉝ $\begin{array}{r} 7 \\ 6 \\ +\ 4 \\ \hline \end{array}$

㉞ $\begin{array}{r} 8 \\ 5 \\ +\ 2 \\ \hline \end{array}$

㉟ $\begin{array}{r} 9 \\ 4 \\ +\ 1 \\ \hline \end{array}$

㊱ $\begin{array}{r} 2 \\ 4 \\ +\ 8 \\ \hline \end{array}$

㊲ $\begin{array}{r} 7 \\ 5 \\ +\ 5 \\ \hline \end{array}$

㊳ $\begin{array}{r} 5 \\ 1 \\ +\ 5 \\ \hline \end{array}$

㊴ $\begin{array}{r} 9 \\ 4 \\ +\ 6 \\ \hline \end{array}$

㊵ $\begin{array}{r} 4 \\ 5 \\ +\ 6 \\ \hline \end{array}$

㊶ $\begin{array}{r} 8 \\ 7 \\ +\ 3 \\ \hline \end{array}$

㊷ $\begin{array}{r} 8 \\ 2 \\ +\ 9 \\ \hline \end{array}$

㊸ $\begin{array}{r} 6 \\ 5 \\ +\ 5 \\ \hline \end{array}$

㊹ $\begin{array}{r} 2 \\ 8 \\ +\ 2 \\ \hline \end{array}$

㊺ $\begin{array}{r} 9 \\ 1 \\ +\ 6 \\ \hline \end{array}$

㊻ $\begin{array}{r} 1 \\ 3 \\ +\ 9 \\ \hline \end{array}$

㊼ $\begin{array}{r} 7 \\ 9 \\ +\ 3 \\ \hline \end{array}$

㊽ $\begin{array}{r} 4 \\ 1 \\ +\ 6 \\ \hline \end{array}$

덧셈의 원리

07 여러 가지 수 더하기

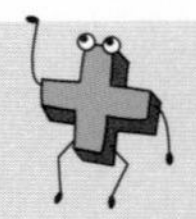

● 덧셈을 해 보세요.

① $7+3+2=12$ (7+3=10)
$7+3+3=13$
$7+3+4=14$

더하는 수가 커지면 답도 커져요.

② $2+8+3=$
$2+8+4=$
$2+8+5=$

③ $3+7+1=$
$3+7+2=$
$3+7+3=$

④ $8+2+5=$
$8+2+7=$
$8+2+9=$

⑤ $2+1+9=$
$3+1+9=$
$4+1+9=$

⑥ $7+4+6=$
$8+4+6=$
$9+4+6=$

⑦ $1+6+4=$
$2+6+4=$
$3+6+4=$

⑧ $3+5+5=$
$5+5+5=$
$7+5+5=$

⑨ $5+1+5=$
$5+2+5=$
$5+3+5=$

⑩ $9+5+1=$
$9+6+1=$
$9+7+1=$

⑪ $3+7+7=$
$3+8+7=$
$3+9+7=$

⑫ $8+4+2=$
$8+6+2=$
$8+8+2=$

⑬ 4+6+6=

4+6+5=

4+6+4=

더하는 수가 작아지면
답은 어떻게 될까요?

⑭ 7+3+5=

7+3+4=

7+3+3=

⑮ 1+9+8=

1+9+7=

1+9+6=

⑯ 2+8+5=

2+8+3=

2+8+1=

⑰ 7+8+2=

6+8+2=

5+8+2=

⑱ 3+3+7=

2+3+7=

1+3+7=

⑲ 9+6+4=

8+6+4=

7+6+4=

⑳ 8+5+5=

6+5+5=

4+5+5=

㉑ 1+5+9=

1+4+9=

1+3+9=

㉒ 2+6+8=

2+5+8=

2+4+8=

㉓ 8+4+2=

8+3+2=

8+2+2=

㉔ 3+9+7=

3+7+7=

3+5+7=

08 다르면서 같은 덧셈

두 식에서 같은 점이 뭘까?

● 덧셈을 해 보세요.

① 2+8+5= 15

6+4+5= 15

식은 달라도 10을 만드는 것은 같아요.

② 1+9+7=

8+2+7=

③ 4+6+3=

8+2+3=

④ 3+7+1=

4+6+1=

⑤ 4+6+5=

9+1+5=

⑥ 7+3+4=

2+8+4=

⑦ 5+5+2=

1+9+2=

⑧ 2+8+7=

5+5+7=

⑨ 3+7+8=

6+4+8=

⑩ 4+5+5=

4+3+7=

⑪ 8+9+1=

8+7+3=

⑫ 5+7+3=

5+6+4=

⑬ 3+5+5=

3+8+2=

⑭ 6+8+2=

6+9+1=

⑮ 6+7+3=

6+1+9=

⑯ $3+8+7=$

$6+8+4=$

⑰ $1+5+9=$

$7+5+3=$

⑱ $4+1+6=$

$5+1+5=$

⑲ $2+6+8=$

$9+6+1=$

⑳ $6+3+4=$

$1+3+9=$

㉑ $4+9+6=$

$8+9+2=$

㉒ $3+7+9=$

$6+9+4=$

㉓ $8+2+7=$

$1+7+9=$

㉔ $4+6+2=$

$7+2+3=$

㉕ $6+6+4=$

$8+6+2=$

㉖ $8+1+2=$

$5+5+1=$

㉗ $4+9+1=$

$3+7+4=$

㉘ $2+7+3=$

$9+2+1=$

㉙ $6+4+8=$

$5+8+5=$

㉚ $9+2+8=$

$1+9+9=$

09 등식 완성하기

'='의 양쪽은 같아.

● '='의 양쪽이 같게 되도록 □ 안에 알맞은 수를 써 보세요.

① $4+6+2 = 10+$ [2]

10, 12

10이 되는 두 수를 먼저 더하고 나머지 수를 더해요.

② $7+3+5 = \square+10$

③ $6+5+5 = 10+\square$

④ $2+7+3 = \square+10$

⑤ $8+2+6 = 10+\square$

⑥ $1+6+9 = \square+10$

⑦ $2+1+8 = 10+\square$

⑧ $3+4+7 = \square+10$

⑨ $4+6+3 = 10+\square$

⑩ $2+1+9 = \square+10$

⑪ $8+3+7 = 10+\square$

⑫ $3+6+7 = \square+10$

⑬ $9+1+4 = 10+\square$

⑭ $1+9+6 = \square+10$

⑮ $8+2+3 = \square+3$

⑯ $7+4+3 = 4+\square$

⑰ $4+6+3 = \square+3$

⑱ $9+5+1 = 5+\square$

⑲ $7+2+3 = \square+2$

⑳ $1+8+2 = 1+\square$

㉑ $9+4+6 = \square+9$

㉒ $5+5+5 = 5+\square$

㉓ $2+5+5 = \square+2$

㉔ $3+7+9 = 9+\square$

㉕ $7+3+3 = \square+3$

㉖ $2+8+8 = 8+\square$

㉗ $7+4+6 = \square+7$

㉘ $5+6+4 = 5+\square$

두 수의 차가 10인 세 수의 뺄셈

빼서 10이 되는 두 수를 먼저 찾자!

$$12 - 3 - 2$$

$$10 - 3 = 7$$

빼는 수가 2개일 때 처음 수에서 어느 수를 먼저 빼도 답은 같아.

$\underbrace{14 - 4}_{10} - 8 = 10 - 8 = 2$

$\underbrace{14 - 8 - 4}_{10} = 10 - 8 = 2$

$14 - \underbrace{8 - 4}_{\times}$

"8-4를 먼저 계산하는 건 안돼!
맨 앞의 수에서만 뺄 수 있어."

뺄셈의 원리

01 그림을 지워서 빼기

● 구슬이 10개가 되도록 먼저 /으로 지우고 뺄셈을 해 보세요.

①

❶ 3개를 지워야 10개가 돼요.

13-3-4= 6

❷ 차가 10이 되는 두 수를 먼저 계산해요.

❸ 10-4=6

②

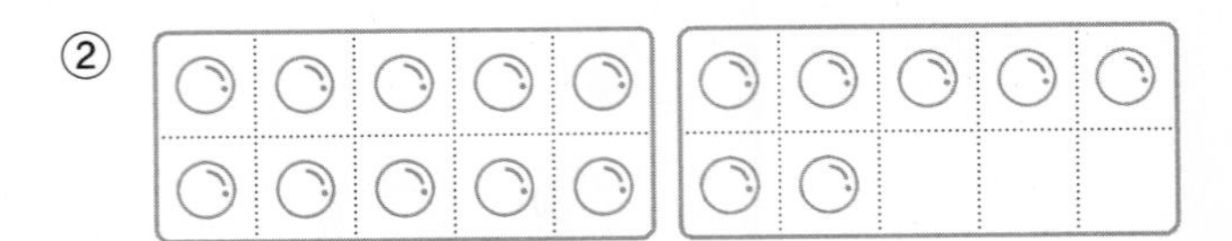

17-3-7= ______

③

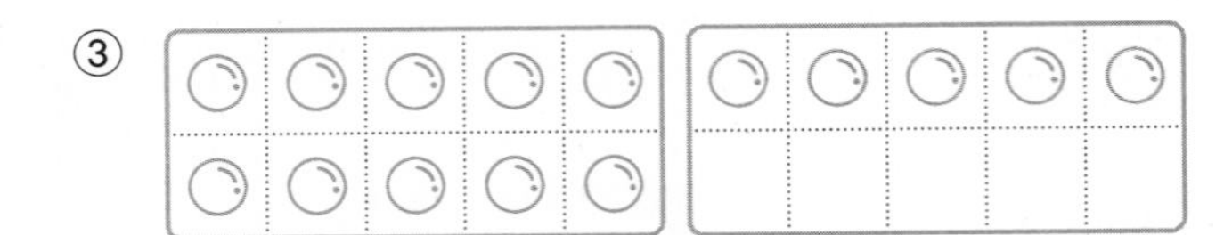

15-3-5= ______

④

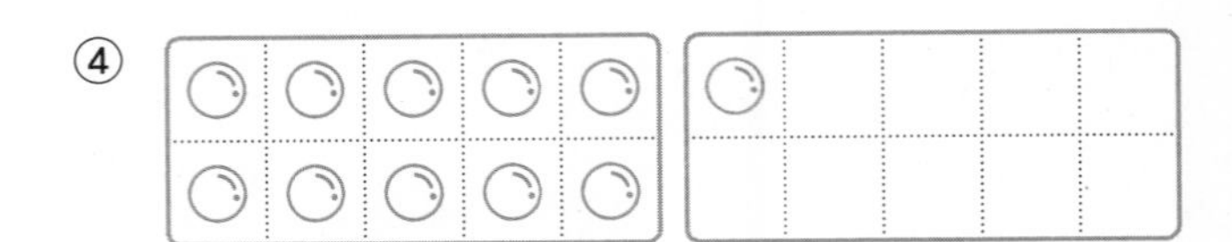

11-1-9= ______

⑤

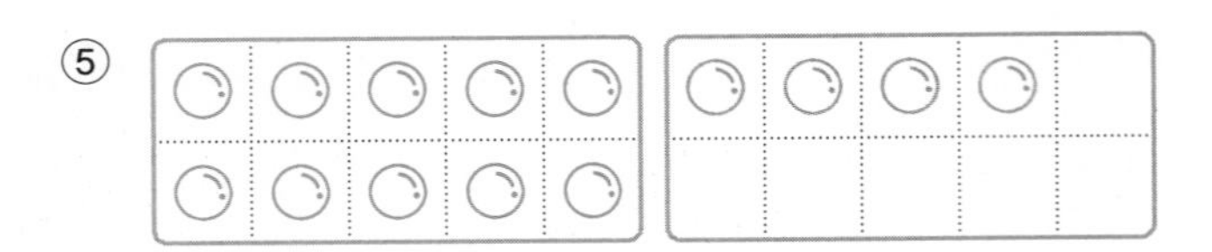

14-4-2= ______

⑥

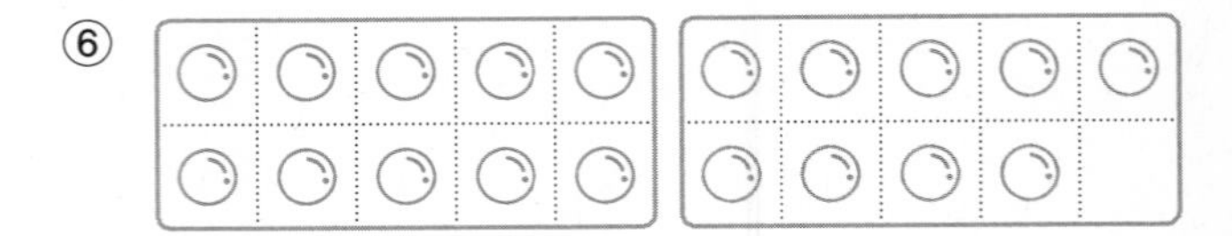

19-5-9= ______

⑦

16-4-6= ______

⑧

12-2-7= ______

⑨

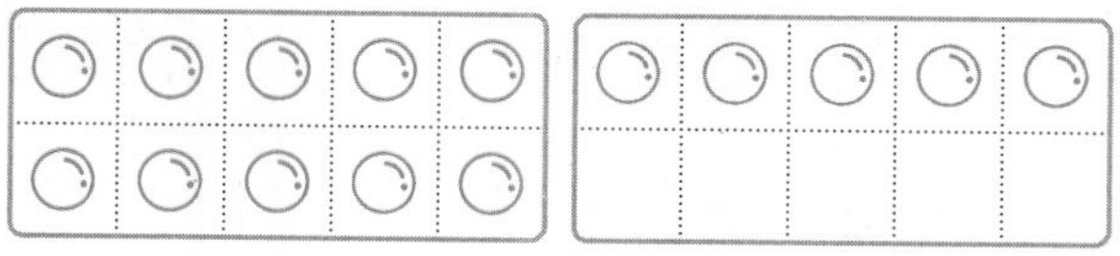

15 - 5 - 4 = ______

⑩

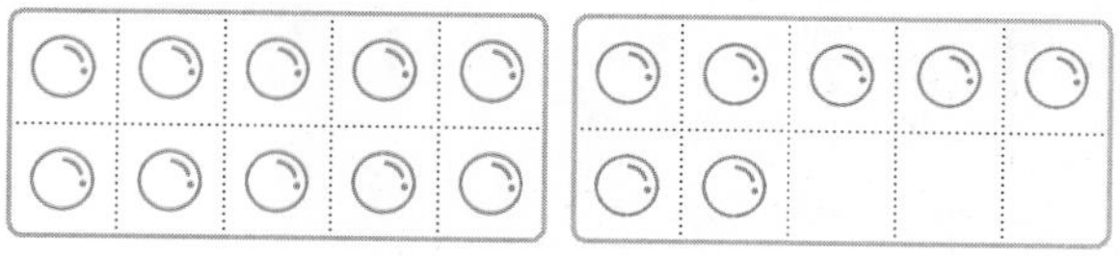

17 - 7 - 8 = ______

⑪

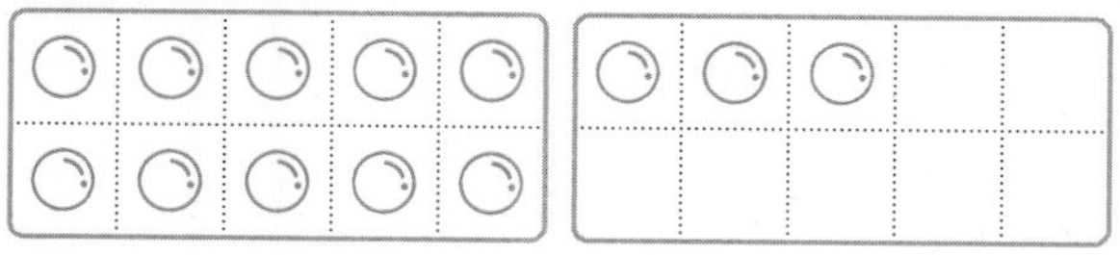

13 - 8 - 3 = ______

⑫

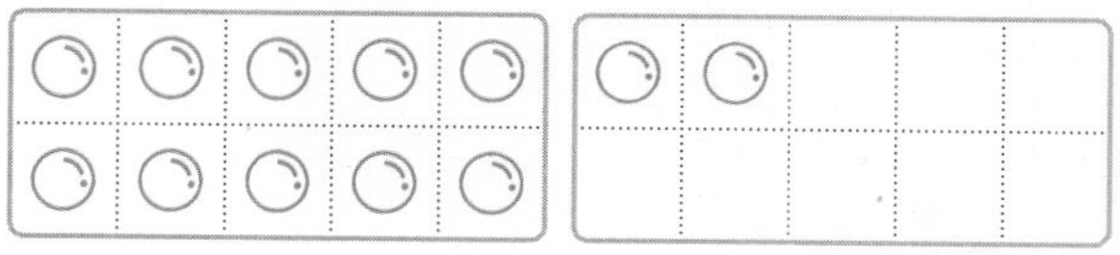

12 - 1 - 2 = ______

⑬

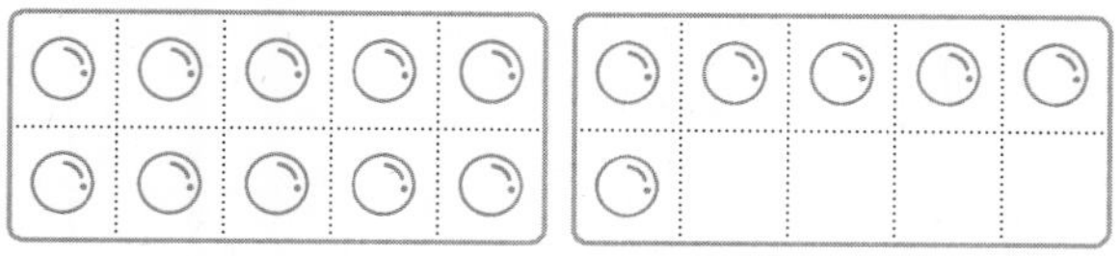

16 - 6 - 2 = ______

⑭

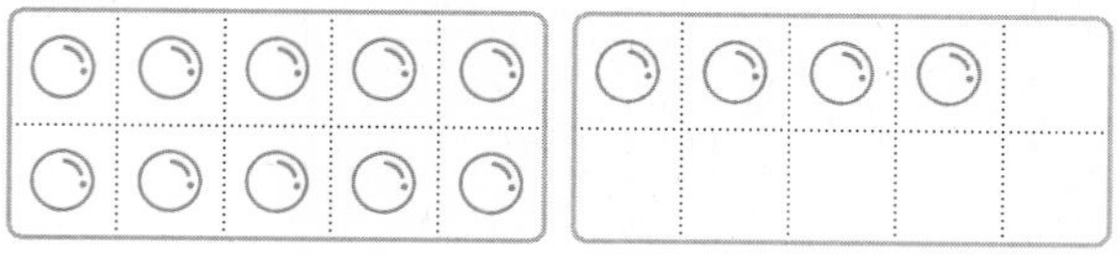

14 - 9 - 4 = ______

⑮

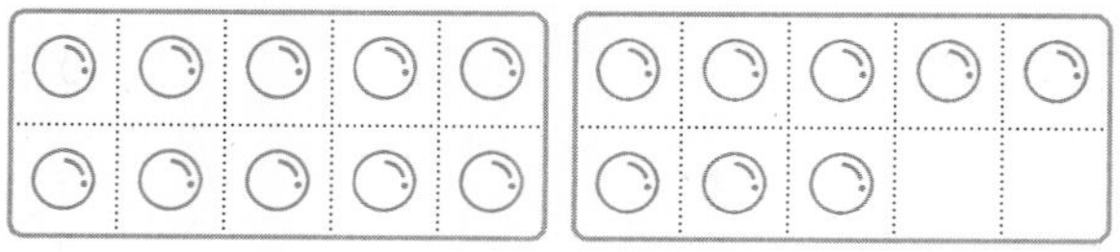

18 - 3 - 8 = ______

⑯

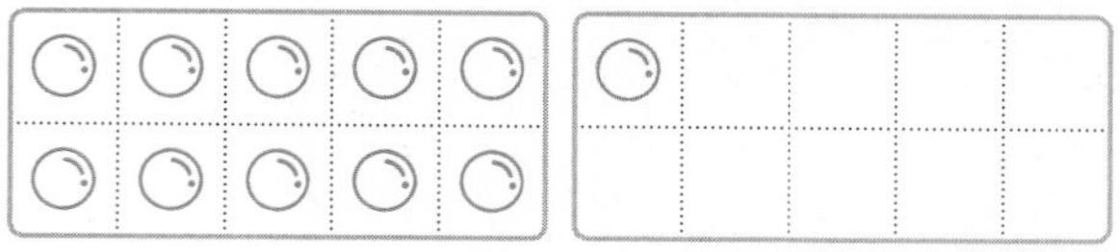

11 - 3 - 1 = ______

02 정해진 순서대로 빼기

● 정해진 순서대로 뺄셈을 해 보세요.

① 17 − 7 = 10, 10 − 3 = 7

차가 10이 되는 두 수를 먼저 계산해요.

17 − 7 − 3 = 7

❶ 10

❷ 10−3= 7

② 13 − 3 = ____, 10 − 5 = ____

13 − 5 − 3 = □

③ 18 − 8 = ____, 10 − 7 = ____

18 − 8 − 7 = □

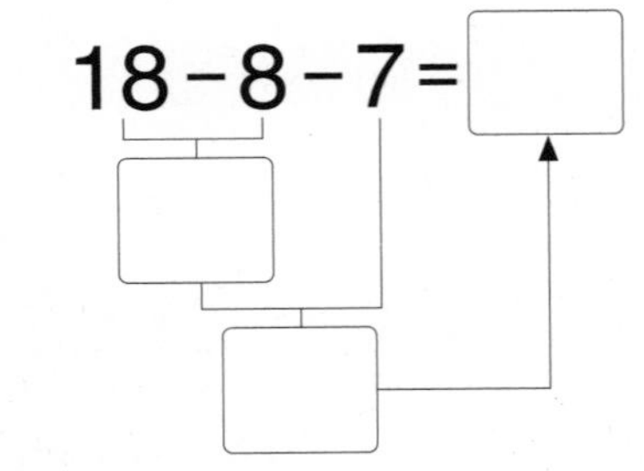

④ 19 − 9 = ____, 10 − 2 = ____

19 − 2 − 9 = □

⑤ 14 − 4 = ____, 10 − 9 = ____

14 − 4 − 9 = □

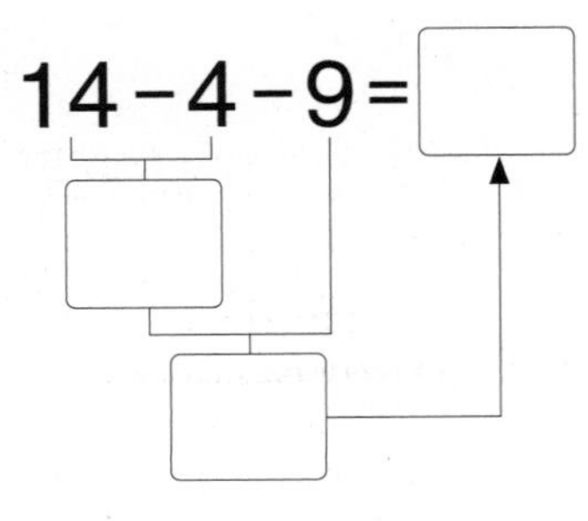

⑥ 11 − 1 = ____, 10 − 2 = ____

11 − 1 − 2 = □

⑦ 16 − 6 = ____ , 10 − 3 = ____

16 − 6 − 3 = □

⑧ 13 − 3 = ____ , 10 − 4 = ____

13 − 3 − 4 = □

⑨ 15 − 5 = ____ , 10 − 5 = ____

15 − 5 − 5 = □

이러면 틀린다!

15−5−5 = 15

0

15

5−5를 먼저 계산하면
틀린 답이 돼.

⑩ 11 − 1 = ____ , 10 − 7 = ____

11 − 7 − 1 = □

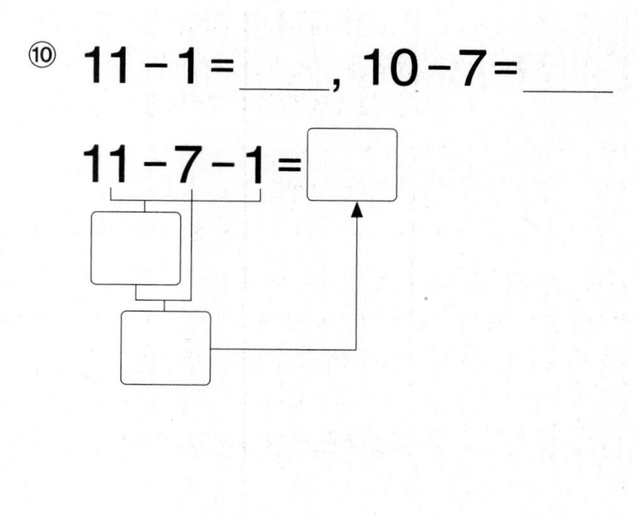

⑪ 12 − 2 = ____ , 10 − 3 = ____

12 − 2 − 3 = □

⑫ 14 − 4 = ____ , 10 − 8 = ____

14 − 8 − 4 = □

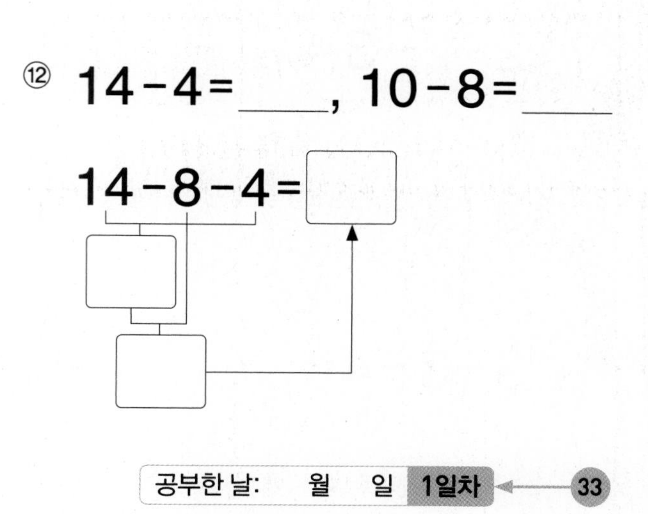

어떤 수를 빼면 10이 될까?

03 10이 되는 수를 찾아 가로셈하기

● 빼서 10이 되는 두 수에 ○표 하고 뺄셈을 해 보세요.

① 16 − 6 − 4 = 6 (10, 6)

② 15 − 8 − 5 = 2

③ 12 − 2 − 7 =

④ 14 − 5 − 4 =

⑤ 17 − 7 − 4 =

⑥ 18 − 8 − 3 =

⑦ 11 − 7 − 1 =

⑧ 16 − 6 − 7 =

⑨ 12 − 1 − 2 =

⑩ 19 − 5 − 9 =

⑪ 15 − 5 − 7 =

⑫ 16 − 6 − 5 =

⑬ 14 − 4 − 8 =

⑭ 14 − 9 − 4 =

⑮ 13 − 9 − 3 =

⑯ 16 − 3 − 6 =

⑰ 15 − 5 − 8 =

⑱ 18 − 8 − 7 =

⑲ 17 − 7 − 2 =

⑳ 13 − 3 − 8 =

㉑ 17 − 7 − 5 =

㉒ 12 − 2 − 3 =

㉓ 16 − 1 − 6 =

㉔ 11 − 9 − 1 =

㉕ 13 − 4 − 3 =

㉖ 19 − 9 − 3 =

㉗ 18 − 8 − 2 =

㉘ 13 − 3 − 4 =

㉙ 18 − 7 − 8 =

㉚ 17 − 3 − 7 =

㉛ $12-6-2=$

㉜ $18-9-8=$

㉝ $15-3-5=$

㉞ $14-9-4=$

㉟ $12-8-2=$

㊱ $19-9-7=$

㊲ $12-5-2=$

㊳ $11-4-1=$

㊴ $11-1-9=$

㊵ $17-8-7=$

㊶ $15-7-5=$

㊷ $16-5-6=$

㊸ $13-1-3=$

㊹ $17-5-7=$

㊺ $15-5-2=$

㊻ $15-4-5=$

㊼ $17-7-8=$

㊽ $15-5-3=$

㊾ $17-9-7=$

㊿ $14-4-1=$

(51) $14-6-4=$

(52) $16-8-6=$

(53) $12-4-2=$

(54) $11-5-1=$

(55) $18-8-5=$

(56) $18-3-8=$

(57) $13-3-7=$

(58) $12-2-8=$

(59) $19-9-5=$

(60) $13-6-3=$

04 가로셈

순서와 관계없이 10이 되는 두 수를 먼저 빼.

● 뺄셈을 해 보세요.

① $11-1-8=2$ (10, 2)

② $13-5-3=$

③ $18-8-4=$

④ $11-8-1=$

⑤ $14-4-7=$

⑥ $13-3-4=$

⑦ $12-8-2=$

⑧ $15-9-5=$

⑨ $13-3-6=$

⑩ $18-8-2=$

⑪ $16-1-6=$

⑫ $12-2-1=$

⑬ $15-5-6=$

⑭ $12-4-2=$

⑮ $17-8-7=$

⑯ $18-3-8=$

⑰ $13-1-3=$

⑱ $19-8-9=$

⑲ $14-4-2=$

⑳ $19-9-3=$

㉑ $17-9-7=$

㉒ $18-6-8=$

㉓ $11-1-5=$

㉔ $19-3-9=$

㉕ $18-4-8=$

㉖ $15-7-5=$

㉗ $11-6-1=$

㉘ $19-9-5=$

㉙ $19-4-9=$

㉚ $14-4-10=$

㉛ $15-5-9=$

㉜ $11-5-1=$

㉝ $15-5-5=$

㉞ $11-1-2=$

㉟ $16-6-7=$

㊱ $19-9-1=$

㊲ $16-6-5=$

㊳ $13-3-7=$

㊴ $19-9-2=$

㊵ $17-7-1=$

㊶ $12-2-2=$

㊷ $13-6-3=$

㊸ $14-8-4=$

㊹ $18-9-8=$

㊺ $12-7-2=$

㊻ $14-3-4=$

㊼ $11-1-6=$

㊽ $12-2-7=$

㊾ $17-3-7=$

㊿ $15-2-5=$

(51) $16-7-6=$

(52) $17-7-0=$

(53) $18-5-8=$

(54) $14-2-4=$

(55) $19-9-7=$

(56) $12-1-1=$

−1−1은 −2와 같아요.

(57) $19-7-9=$

(58) $12-5-2=$

(59) $17-6-7=$

(60) $13-1-2=$

순서와 관계없이 10이 되는 두 수를 먼저 빼.

61 $11-3-1=$

62 $19-9-6=$

63 $14-5-4=$

64 $17-5-7=$

65 $11-1-4=$

66 $16-4-6=$

67 $15-5-8=$

68 $13-3-5=$

69 $18-2-8=$

70 $12-2-3=$

71 $19-1-9=$

72 $17-7-3=$

73 $16-5-6=$

74 $15-4-5=$

75 $12-2-8=$

76 $13-4-3=$

77 $14-4-3=$

78 $18-8-6=$

79 $14-9-4=$

80 $13-2-3=$

81 $13-2-1=$

82 $11-0-1=$

83 $15-6-5=$

84 $11-1-7=$

85 $15-1-5=$

86 $17-7-8=$

87 $16-3-6=$

88 $15-10-5=$

89 $12-2-9=$

90 $16-8-6=$

뺄셈의 원리

05 정해진 수 빼기

어떤 수를 먼저 빼는 게 더 쉬울까?

● 식을 만들어 뺄셈을 해 보세요.

① 5와 4를 빼 보세요.

㉠ 15-5-4=6

5를 먼저 빼면 10을 만들 수 있어서 쉬워요.
15-4-5=6으로 쓸 수도 있어요.

㉠ 14-4-5=5

차가 10이 되는 수를 먼저 빼요.
14-5-4=5로 쓸 수도 있어요.

② 6과 8을 빼 보세요.

16 ______________________

18 ______________________

③ 3과 2를 빼 보세요.

13 ______________________

12 ______________________

④ 5와 7을 빼 보세요.

15 ______________________

17 ______________________

⑤ 4와 9를 빼 보세요.

14 ______________________

19 ______________________

⑥ 7과 2를 빼 보세요.

17 ______________________

12 ______________________

공부한 날: 월 일 3일차

06 여러 가지 수 빼기

● 뺄셈을 해 보세요.

① $15-5-1=9$ (10)
$15-5-2=8$
$15-5-3=7$

빼는 수가 커지면 답은 작아져요.

② $14-4-3=$
$14-4-4=$
$14-4-5=$

③ $13-3-2=$
$13-3-3=$
$13-3-4=$

④ $17-7-6=$
$17-7-7=$
$17-7-8=$

⑤ $18-8-1=$
$18-8-3=$
$18-8-5=$

⑥ $11-1-2=$
$11-1-4=$
$11-1-6=$

⑦ $19-4-9=$
$19-5-9=$
$19-6-9=$

⑧ $15-1-5=$
$15-2-5=$
$15-3-5=$

⑨ $18-6-8=$
$18-7-8=$
$18-8-8=$

⑩ $11-4-1=$
$11-5-1=$
$11-6-1=$

⑪ $12-4-2=$
$12-6-2=$
$12-8-2=$

⑫ $16-5-6=$
$16-7-6=$
$16-9-6=$

⑬ 13-3-9=

13-3-8=

13-3-7=

빼는 수가 작아지면
답은 어떻게 될까요?

⑭ 17-7-6=

17-7-5=

17-7-4=

⑮ 11-1-4=

11-1-3=

11-1-2=

⑯ 16-6-8=

16-6-7=

16-6-6=

⑰ 12-2-5=

12-2-3=

12-2-1=

⑱ 15-5-8=

15-5-6=

15-5-4=

⑲ 14-8-4=

14-7-4=

14-6-4=

⑳ 19-3-9=

19-2-9=

19-1-9=

㉑ 18-5-8=

18-4-8=

18-3-8=

㉒ 11-9-1=

11-8-1=

11-7-1=

㉓ 13-6-3=

13-4-3=

13-2-3=

㉔ 12-9-2=

12-7-2=

12-5-2=

07 다르면서 같은 뺄셈

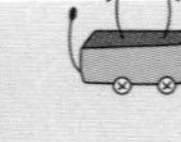

두 식에서 같은 점이 뭘까?

● 뺄셈을 해 보세요.

① $12-2-5=5$

$16-6-5=5$

식은 달라도 10을 만드는 것은 같아요.

② $14-4-2=$

$15-5-2=$

③ $13-3-4=$

$11-1-4=$

④ $17-7-2=$

$16-6-2=$

⑤ $19-9-9=$

$18-8-9=$

⑥ $11-1-6=$

$14-4-6=$

⑦ $14-4-1=$

$12-2-1=$

⑧ $16-6-3=$

$18-8-3=$

⑨ $15-5-3=$

$16-6-3=$

⑩ $16-6-5=$

$11-1-5=$

⑪ $12-2-6=$

$14-4-6=$

⑫ $17-7-9=$

$13-3-9=$

⑬ $12-2-7=$

$13-3-7=$

⑭ $18-8-1=$

$16-6-1=$

⑮ $12-2-8=$

$15-5-8=$

⑯ 12 − 6 − 2 =

18 − 6 − 8 =

⑰ 19 − 6 − 9 =

13 − 6 − 3 =

⑱ 14 − 5 − 4 =

12 − 5 − 2 =

⑲ 13 − 9 − 3 =

14 − 9 − 4 =

⑳ 17 − 9 − 7 =

11 − 9 − 1 =

㉑ 19 − 4 − 9 =

15 − 4 − 5 =

㉒ 11 − 7 − 1 =

16 − 7 − 6 =

㉓ 12 − 1 − 2 =

18 − 1 − 8 =

㉔ 18 − 6 − 8 =

17 − 6 − 7 =

㉕ 16 − 6 − 4 =

13 − 4 − 3 =

㉖ 17 − 4 − 7 =

15 − 5 − 4 =

㉗ 15 − 5 − 8 =

16 − 8 − 6 =

㉘ 15 − 3 − 5 =

11 − 1 − 3 =

㉙ 14 − 8 − 4 =

17 − 7 − 8 =

㉚ 19 − 9 − 3 =

12 − 3 − 2 =

뺄 수를 ☐에서 찾을 때 답도 ☐에 있는지 살펴봐!

08 식 완성하기

● 빈칸에 알맞은 두 수를 ☐에서 찾아 식을 완성해 보세요.

① 6 3 4

13 − 3 − (예) 6 = 4

❶ 10

❷ 10에서 6을 빼면 4예요.

10에서 4를 빼면 6이므로
13−3−4=6도 답이 될 수 있어요.

② 3 4 7

16 − 6 − ____ = ____

③ 8 2 7

15 − 5 − ____ = ____

④ 1 3 9

12 − 2 − ____ = ____

⑤ 6 2 8

18 − 8 − ____ = ____

⑥ 4 1 6

14 − 4 − ____ = ____

⑦ 1 3 9

17 − 7 − ____ = ____

⑧ 3 4 7

19 − 9 − ____ = ____

⑨

4	5	6

11 - ______ - 1 = ______

10

⑩

8	2	9

15 - ______ - 5 = ______

⑪

7	8	3

14 - ______ - 4 = ______

⑫

8	7	2

17 - ______ - 7 = ______

⑬

3	4	7

12 - ______ - 2 = ______

⑭

6	3	4

18 - ______ - 8 = ______

⑮

9	1	4

16 - ______ - 6 = ______

⑯

2	5	8

13 - ______ - 3 = ______

09 등식 완성하기

'='의 양쪽은 같아.

● '='의 양쪽이 같게 되도록 □ 안에 알맞은 수를 써 보세요.

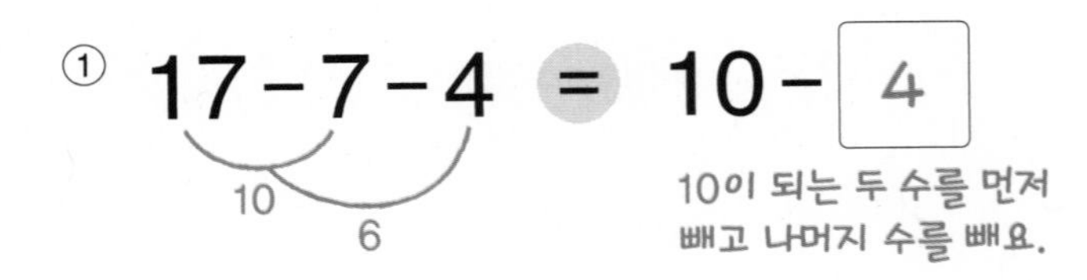

② 11 − 1 − 3 = 10 − □

③ 15 − 5 − 5 = 10 − □

④ 14 − 1 − 4 = 10 − □

⑤ 13 − 3 − 9 = 10 − □

⑥ 12 − 2 − 8 = 10 − □

⑦ 12 − 5 − 2 = 10 − □

⑧ 17 − 6 − 7 = 10 − □

⑨ 18 − 9 − 8 = 10 − □

⑩ 19 − 3 − 9 = 10 − □

⑪ 16 − 6 − 6 = 10 − □

⑫ 13 − 5 − 3 = 10 − □

⑬ 14 − 4 − 5 = 10 − □

⑭ 16 − 6 − 4 = 10 − □

⑮ $16-6-4 = \square-4$

⑯ $17-7-8 = \square-8$

⑰ $18-9-8 = \square-9$

⑱ $19-2-9 = \square-2$

⑲ $11-4-1 = \square-4$

⑳ $13-3-5 = \square-5$

㉑ $15-5-1 = \square-1$

㉒ $14-4-6 = \square-6$

㉓ $17-4-7 = \square-4$

㉔ $17-7-7 = \square-7$

㉕ $12-2-8 = \square-8$

㉖ $15-6-5 = \square-6$

㉗ $16-8-6 = \square-8$

㉘ $13-3-3 = \square-3$

+3 받아올림이 있는 (몇)+(몇)

10이 채워지도록 수를 가르기하자!

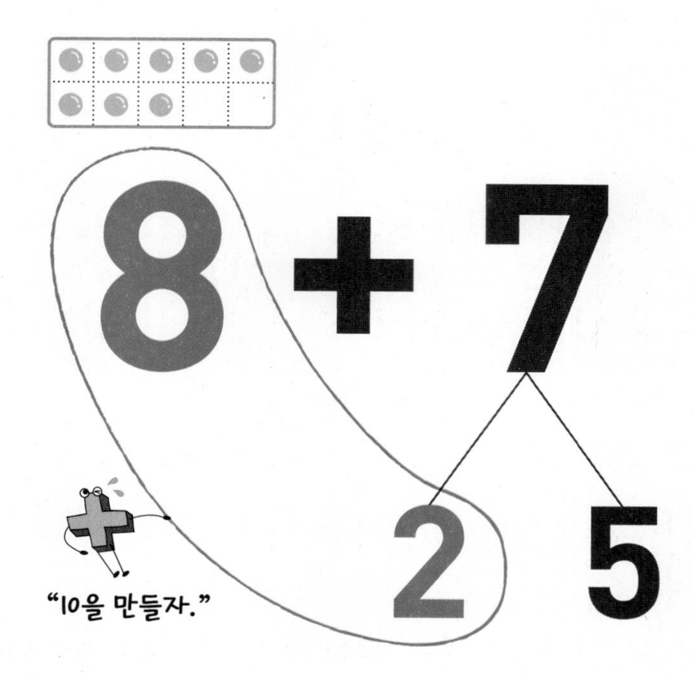

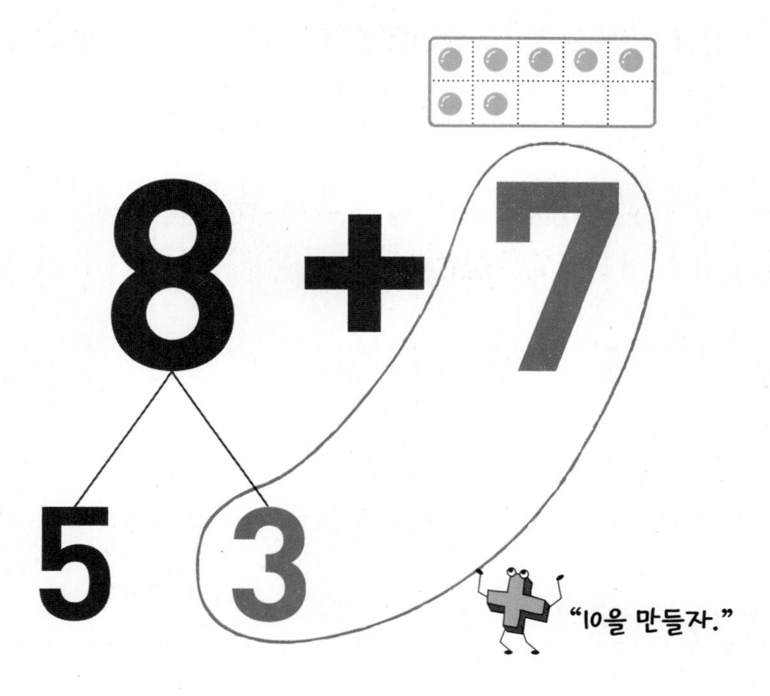

덧셈의 원리

01 그림을 그려 더하기

● 늘어난 구슬의 수만큼 ○를 그리고 덧셈을 해 보세요.

①

❶ 10개가 되도록 ○를 그려요. ❷ 나머지 ○를 그려요.

7	+	5	=	1	2

❸ 구슬은 모두 12개예요.

②

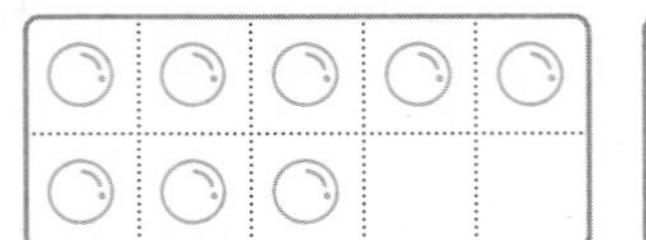

8	+	7	=		

③

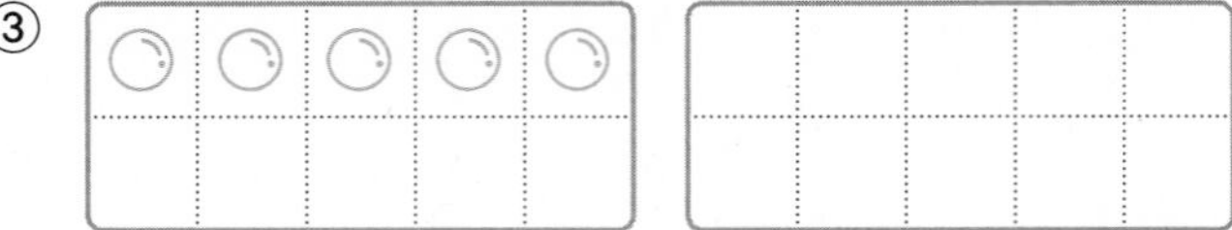

5	+	9	=		

④

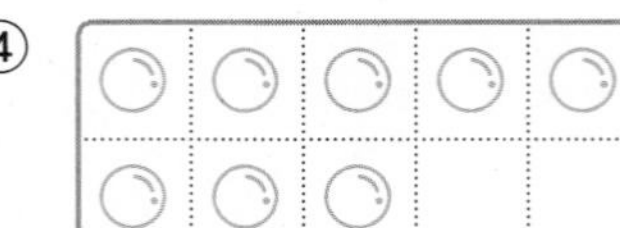
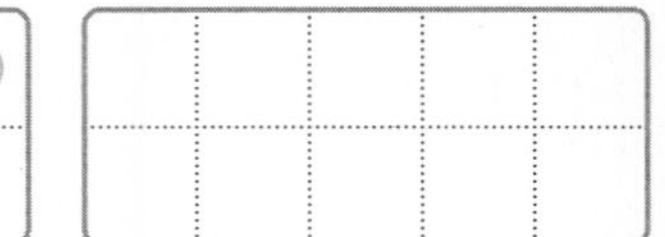

8	+	8	=		

⑤

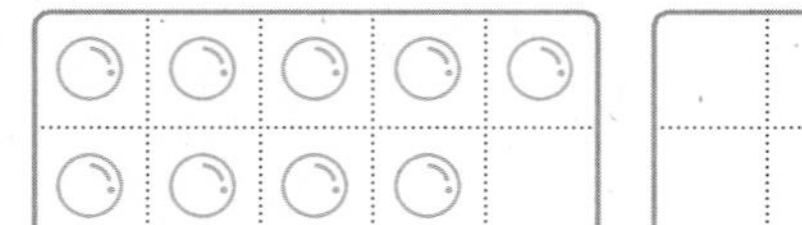

9	+	6	=		

⑥

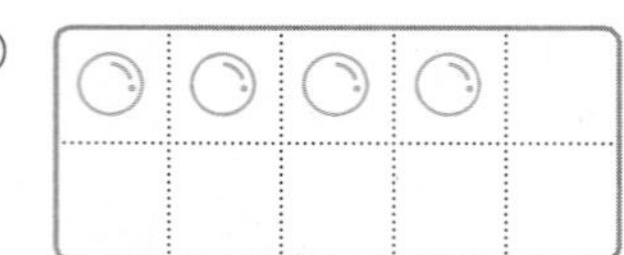

4	+	7	=		

⑦

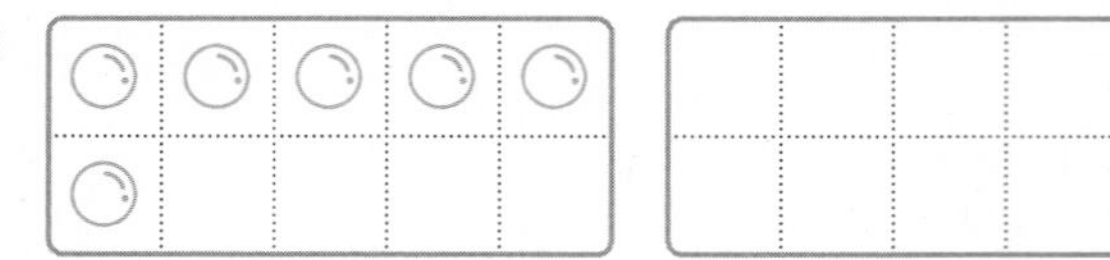

6	+	7	=		

⑧

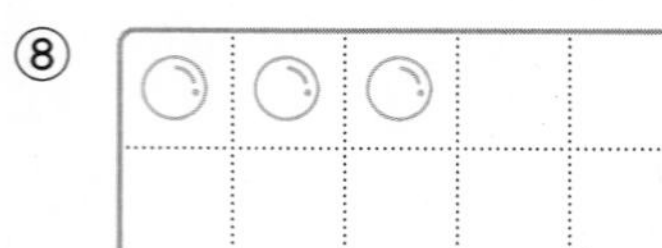
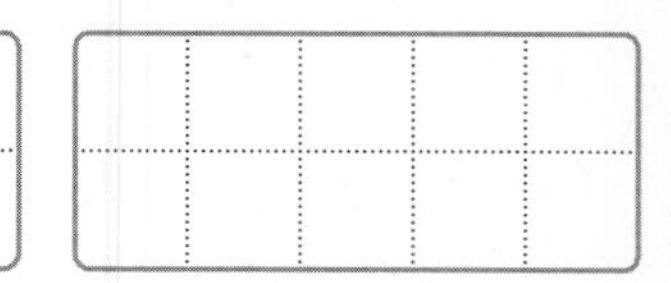

3	+	9	=		

⑨

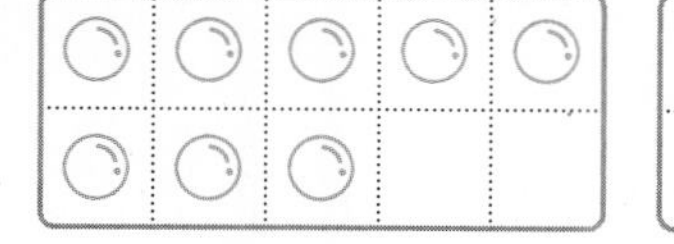

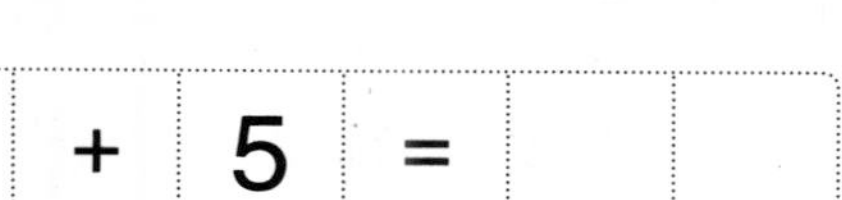

8	+	5	=		

⑩

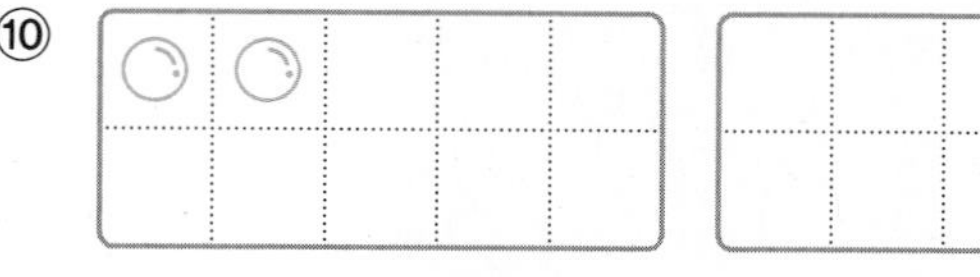

2	+	9	=		

⑪

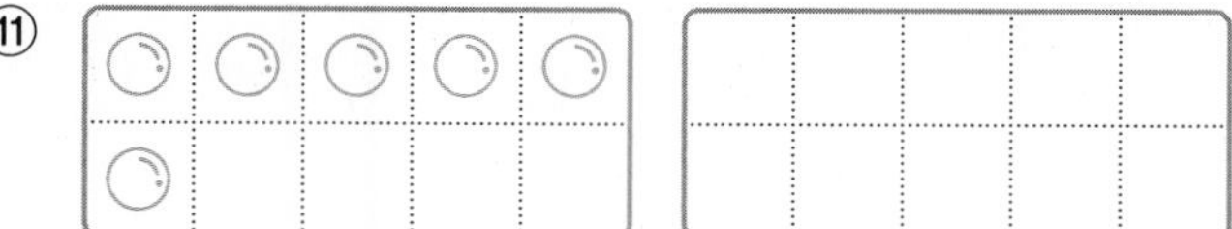

6	+	6	=		

⑫

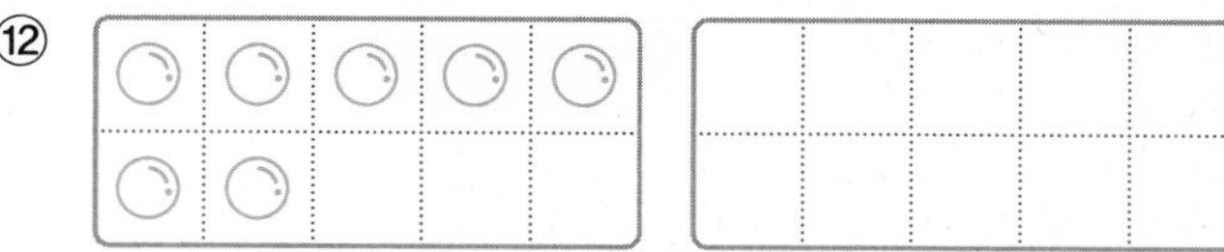

7	+	9	=		

⑬

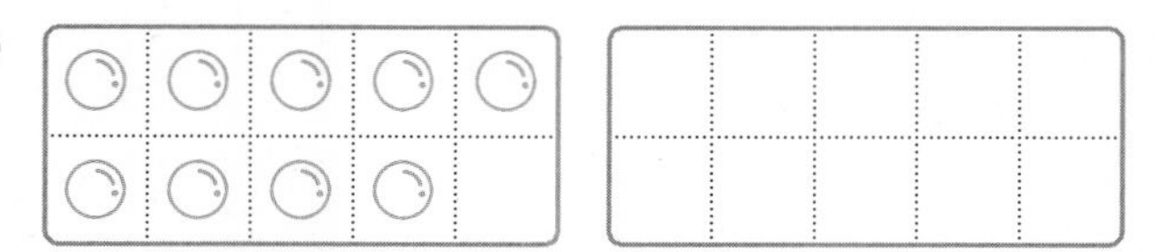

9	+	3	=		

⑭

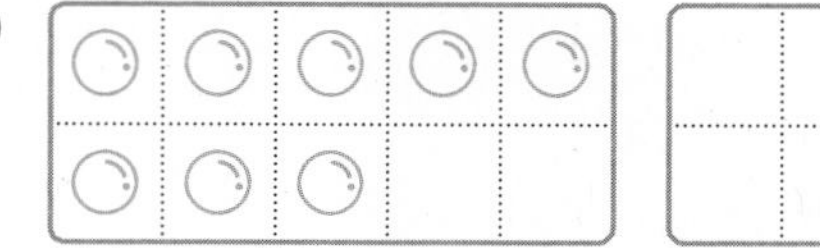

8	+	4	=		

⑮

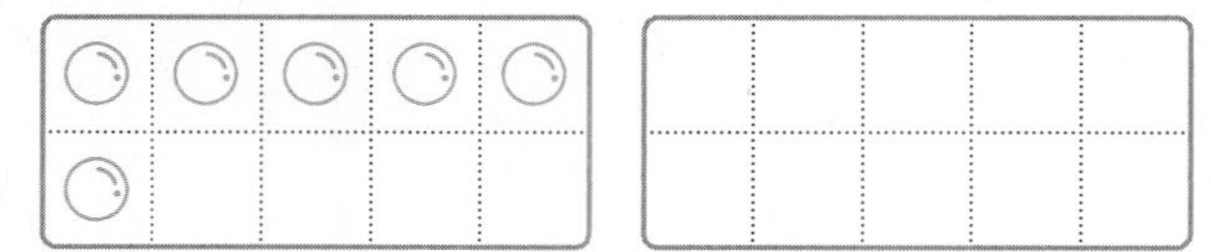

6	+	8	=		

⑯

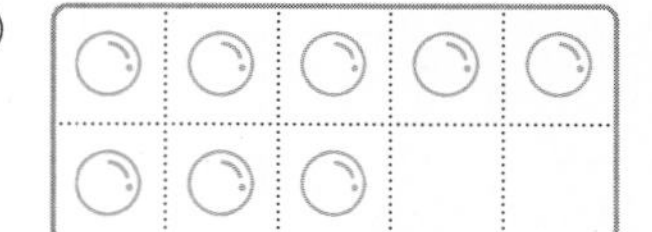

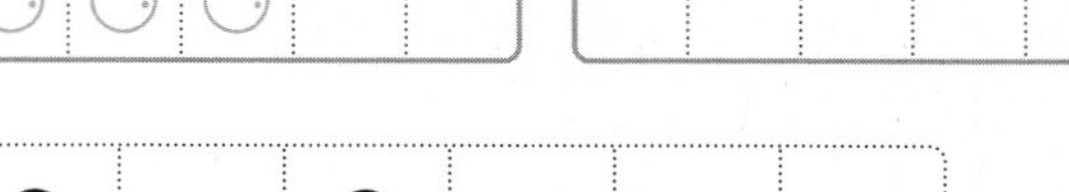

8	+	9	=		

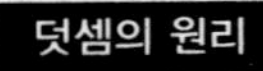

02 수를 가르기하여 더하기(1)

● 가르기하여 덧셈을 해 보세요.

① 7+3= 10

❶ 5를 가르기해요.

7+5= 10 +2= 12

3 2

10

❷ 10을 만들어요.

❸ 모두 합하면 12예요.

② 5+5= ______

5+6= ______ +1= ______

5 1

③ 8+2= ______

8+5= ______ +3= ______

2 3

④ 9+1= ______

9+3= ______ +2= ______

1 2

⑤ 6+4= ______

6+5= ______ +1= ______

4 1

⑥ 8+2= ______

8+4= ______ +2= ______

2 2

⑦ $2+8=$ ______

$3+8=1+$ ______ $=$ ______

(3 → 1, 2)

⑧ $1+9=$ ______

$2+9=1+$ ______ $=$ ______

(2 → 1, 1)

⑨ $3+7=$ ______

$5+7=2+$ ______ $=$ ______

(5 → 2, 3)

⑩ $4+6=$ ______

$6+6=2+$ ______ $=$ ______

(6 → 2, 4)

⑪ $5+5=$ ______

$8+5=3+$ ______ $=$ ______

(8 → 3, 5)

⑫ $3+7=$ ______

$4+7=1+$ ______ $=$ ______

(4 → 1, 3)

10+(몇)이 되도록 앞이나 뒤의 수를 가르기하자!

03 수를 가르기하여 더하기(2)

● 가르기하여 덧셈을 해 보세요.

① 9+5= 10 +4= 14

1 4

10

❶ 5를 가르기해요.
❷ 10을 만들어요.
❸ 모두 합하면 14예요.

② 9+9= ____ +8= ____

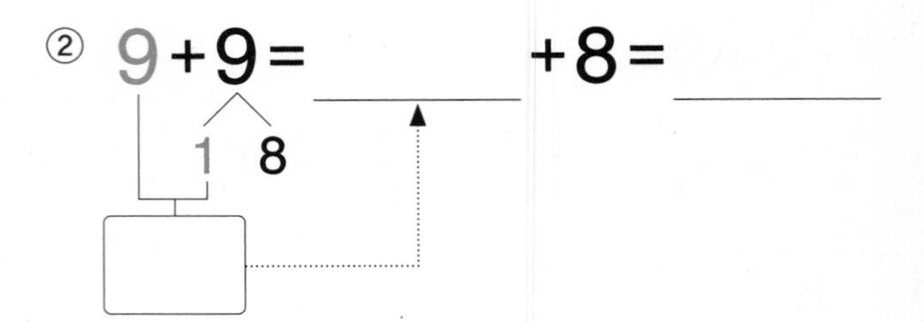

1 8

③ 8+8= ____ +6= ____

2 6

④ 7+5= ____ +2= ____

3 2

⑤ 6+6= ____ +2= ____

4 2

⑥ 5+8= ____ +3= ____

5 3

⑦ 7+8= ____ +5= ____

3 5

⑧ 8+3= ____ +1= ____

2 1

⑨ $4+8=2+\underline{\qquad}=\underline{\qquad}$

2 2 □

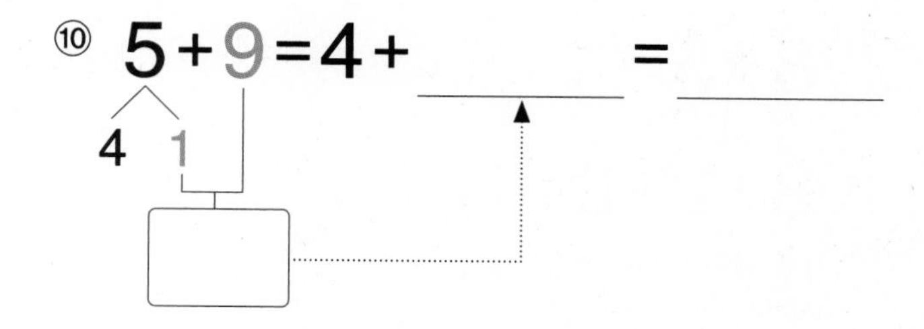

⑪ $6+8=4+\underline{\qquad}=\underline{\qquad}$

4 2 □

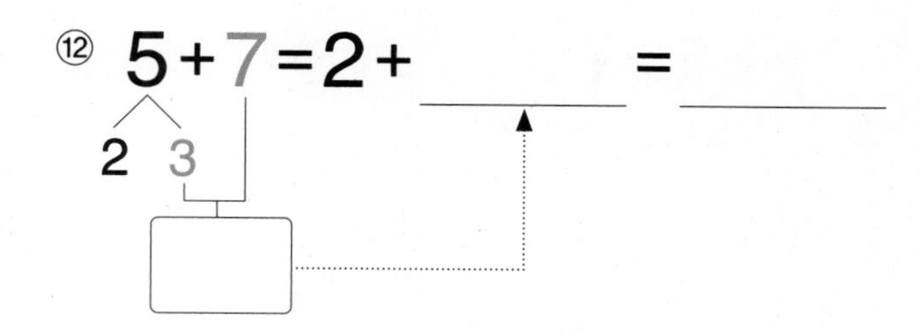

⑬ $7+6=3+\underline{\qquad}=\underline{\qquad}$

3 4 □

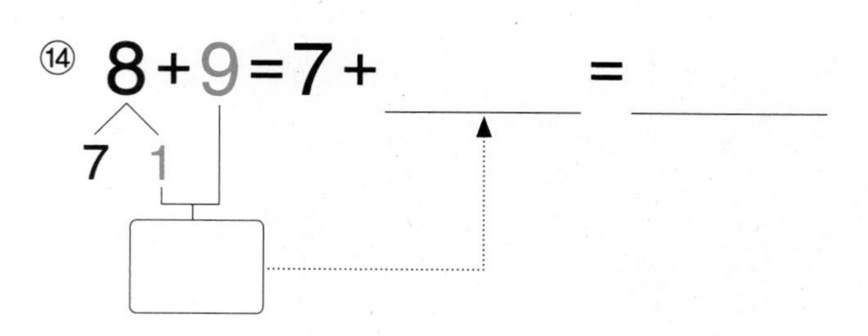

⑮ $7+7=4+\underline{\qquad}=\underline{\qquad}$

4 3 □

⑯ $5+6=1+\underline{\qquad}=\underline{\qquad}$

1 4 □

덧셈의 원리

04 수를 쪼개어 더하기

● 덧셈을 해 보세요.

① 8+5=13

8+2+3=13

5를 더하는 것은 2와 3을 더하는 것과 같아요.

② 5+6=

5+5+1=

③ 6+8=

6+4+4=

④ 7+4=

7+3+1=

⑤ 5+7=

5+5+2=

⑥ 6+7=

6+4+3=

⑦ 8+9=

8+2+7=

⑧ 8+4=

8+2+2=

⑨ 5+9=

5+5+4=

⑩ 9+6=

9+1+5=

⑪ 7+5=

7+3+2=

⑫ 6+5=

6+4+1=

⑬ 9+4=

9+1+3=

⑭ 9+2=

9+1+1=

⑮ 7+6=

7+3+3=

⑯ $6+9=$

$5+1+9=$

⑰ $4+8=$

$2+2+8=$

⑱ $3+8=$

$1+2+8=$

⑲ $5+8=$

$3+2+8=$

⑳ $9+9=$

$8+1+9=$

㉑ $3+9=$

$2+1+9=$

㉒ $8+6=$

$4+4+6=$

㉓ $9+2=$

$1+8+2=$

㉔ $7+7=$

$4+3+7=$

㉕ $4+9=$

$3+1+9=$

㉖ $8+3=$

$1+7+3=$

㉗ $6+6=$

$2+4+6=$

㉘ $8+8=$

$6+2+8=$

㉙ $6+5=$

$1+5+5=$

덧셈의 원리

05 가로셈

10+(몇)이 되도록 앞이나 뒤의 수를 가르기하자!

● 덧셈을 해 보세요.

① $4+7=$ 11
1 3
10을 만들어요.

② $9+7=$
1 6

③ $5+8=$

④ $4+8=$

⑤ $5+6=$

⑥ $5+9=$

⑦ $4+9=$

⑧ $6+6=$

⑨ $9+5=$

⑩ $8+3=$

⑪ $7+6=$

⑫ $3+8=$

⑬ $8+4=$

⑭ $8+6=$

⑮ $5+7=$

⑯ $8+5=$

⑰ $9+6=$

⑱ $6+7=$

⑲ $8+7=$

⑳ $9+7=$

㉑ $7+7=$

㉒ $7+4=$

㉓ $9+4=$

㉔ $7+8=$

㉕ $7+5=$

㉖ $9+3=$

㉗ $7+9=$

㉘ $6+5=$

㉙ $9+2=$

㉚ $9+1=$

㉛ 4+6=

㉜ 9+4=

㉝ 9+5=

㉞ 9+6=

㉟ 3+8=

㊱ 7+6=

㊲ 7+7=

㊳ 4+7=

㊴ 7+8=

㊵ 8+3=

㊶ 4+8=

㊷ 8+7=

㊸ 3+9=

㊹ 2+9=

㊺ 8+8=

㊻ 6+9=

㊼ 6+5=

㊽ 5+6=

㊾ 6+8=

㊿ 6+6=

51 5+5=

52 6+7=

53 8+4=

54 5+8=

55 9+8=

56 7+3=

57 5+9=

58 9+9=

59 7+9=

60 8+9=

10+(몇)이 되도록 앞이나 뒤의 수를 가르기하자!

⑥① 7+6=	⑥② 5+9=	⑥③ 8+5=
⑥④ 7+9=	⑥⑤ 9+3=	⑥⑥ 8+6=
⑥⑦ 7+7=	⑥⑧ 7+4=	⑥⑨ 7+5=
⑦⓪ 3+7=	⑦① 8+9=	⑦② 6+5=
⑦③ 4+7=	⑦④ 8+8=	⑦⑤ 6+4=
⑦⑥ 6+6=	⑦⑦ 2+9=	⑦⑧ 9+9=
⑦⑨ 9+5=	⑧⓪ 9+4=	⑧① 5+8=
⑧② 4+9=	⑧③ 8+2=	⑧④ 5+6=
⑧⑤ 6+7=	⑧⑥ 8+3=	⑧⑦ 6+8=
⑧⑧ 8+7=	⑧⑨ 8+4=	⑨⓪ 6+9=

06 세로셈

답은 일의 자리, 십의 자리에 맞추어 써야 해!

● 덧셈을 해 보세요.

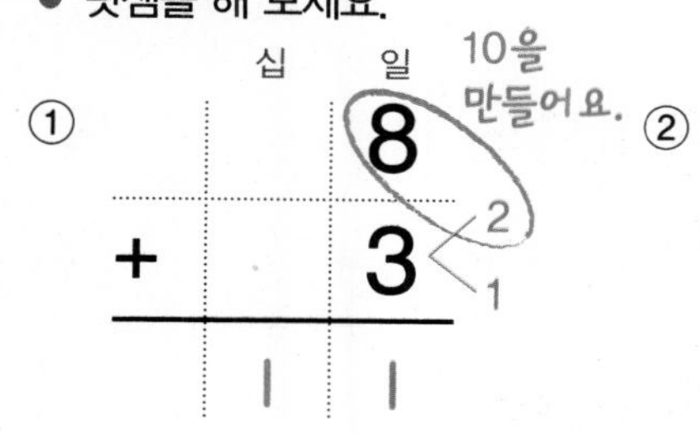

① 8 + 3

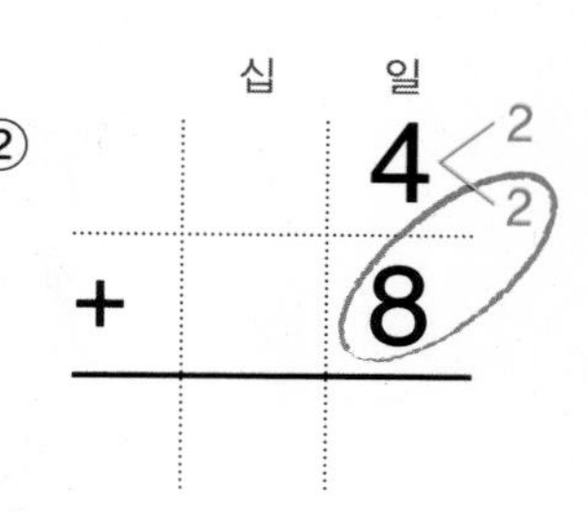

② 4 + 8

③ 8 + 5

④ 7 + 8

⑤ 9 + 4

⑥ 6 + 6

⑦ 9 + 2

⑧ 7 + 6

⑨ 3 + 9

⑩ 5 + 7

⑪ 6 + 7

⑫ 7 + 9

⑬ 6 + 5

⑭ 8 + 6

⑮ 8 + 8

⑯ 4 + 7

⑰ 8 + 4

⑱ 9 + 3

⑲ 8 + 7

⑳ 4 + 9

답은 일의 자리, 십의 자리에 맞추어 써야 해!

㉑ $\begin{array}{r} 6 \\ +\ 9 \\ \hline \end{array}$

㉒ $\begin{array}{r} 5 \\ +\ 6 \\ \hline \end{array}$

㉓ $\begin{array}{r} 7 \\ +\ 7 \\ \hline \end{array}$

㉔ $\begin{array}{r} 5 \\ +\ 8 \\ \hline \end{array}$

㉕ $\begin{array}{r} 9 \\ +\ 2 \\ \hline \end{array}$

㉖ $\begin{array}{r} 5 \\ +\ 9 \\ \hline \end{array}$

㉗ $\begin{array}{r} 6 \\ +\ 8 \\ \hline \end{array}$

㉘ $\begin{array}{r} 8 \\ +\ 9 \\ \hline \end{array}$

㉙ $\begin{array}{r} 8 \\ +\ 8 \\ \hline \end{array}$

㉚ $\begin{array}{r} 7 \\ +\ 5 \\ \hline \end{array}$

㉛ $\begin{array}{r} 3 \\ +\ 8 \\ \hline \end{array}$

㉜ $\begin{array}{r} 7 \\ +\ 4 \\ \hline \end{array}$

㉝ $\begin{array}{r} 9 \\ +\ 8 \\ \hline \end{array}$

㉞ $\begin{array}{r} 6 \\ +\ 6 \\ \hline \end{array}$

㉟ $\begin{array}{r} 7 \\ +\ 3 \\ \hline \end{array}$

㊱ $\begin{array}{r} 3 \\ +\ 9 \\ \hline \end{array}$

㊲ $\begin{array}{r} 9 \\ +\ 7 \\ \hline \end{array}$

㊳ $\begin{array}{r} 2 \\ +\ 8 \\ \hline \end{array}$

㊴ $\begin{array}{r} 5 \\ +\ 5 \\ \hline \end{array}$

㊵ $\begin{array}{r} 4 \\ +\ 9 \\ \hline \end{array}$

㊶ $9 + 9$

㊷ $7 + 8$

㊸ $8 + 7$

㊹ $4 + 7$

㊺ $8 + 4$

㊻ $6 + 7$

㊼ $5 + 7$

㊽ $4 + 8$

㊾ $6 + 5$

㊿ $7 + 9$

51 $2 + 9$

52 $6 + 4$

53 $9 + 1$

54 $9 + 3$

55 $8 + 3$

56 $9 + 6$

57 $8 + 6$

58 $7 + 6$

10이 되면 두 자리 수가 돼.

한 자리 수 ➡	0	1	2	3	4	5	6	7	8	9
두 자리 수 ➡	10	11	12	13	14	15	16	17	18	19

07 다르면서 같은 덧셈

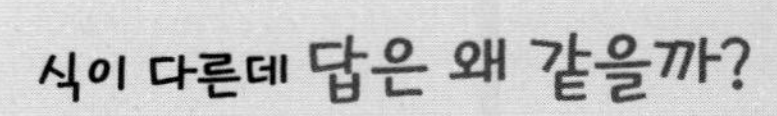

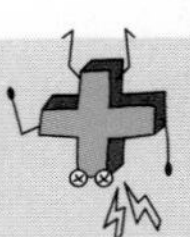

● 덧셈을 해 보세요.

①

더해지는 수가 1씩 작아지고,
더하는 수가 1씩 커져요.

10+1=11 → 9+2=11   8+3=

7+4=   6+5=   5+6=

4+7=   3+8=   2+9=

1+10=

②

10+2=   9+3=   8+4=

7+5=   6+6=   5+7=

4+8=   3+9=   2+10=

③

10+3=   9+4=   8+5=

7+6=   6+7=   5+8=

4+9=   3+10=

④

10+9=   9+10=

⑤

$10+4=$	$9+5=$	$8+6=$
$7+7=$	$6+8=$	$5+9=$
$4+10=$		

⑥

$10+5=$	$9+6=$	$8+7=$
$7+8=$	$6+9=$	$5+10=$

⑦

$10+6=$	$9+7=$	$8+8=$
$7+9=$	$6+10=$	

⑧

$10+7=$	$9+8=$	$8+9=$
$7+10=$		

⑨

$10+8=$	$9+9=$	$8+10=$

덧셈의 활용

08 합하면 모두 얼마가 될까?

● 합한 전체의 길이를 구해 보세요.

① 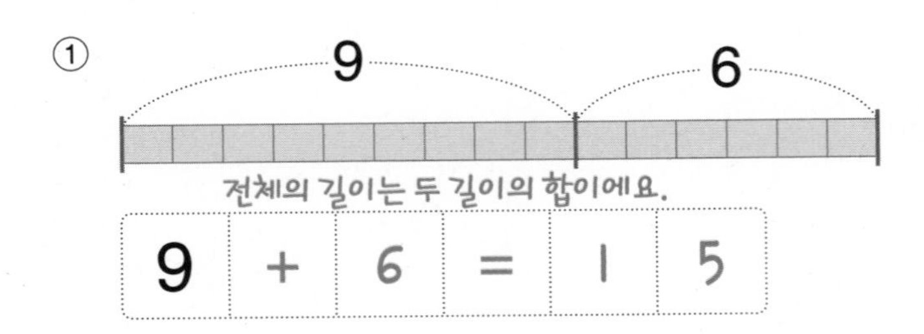

② 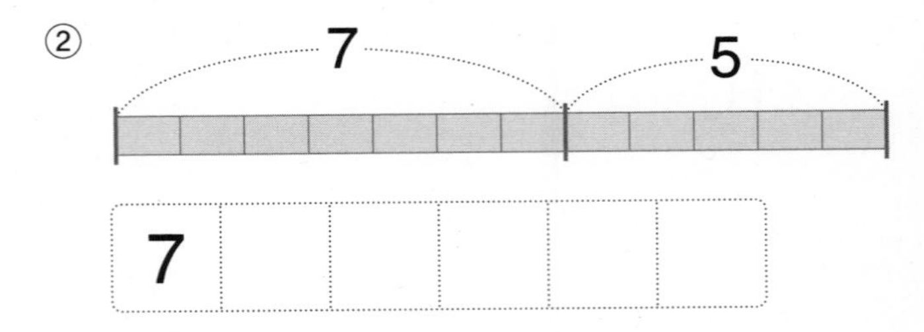

③ 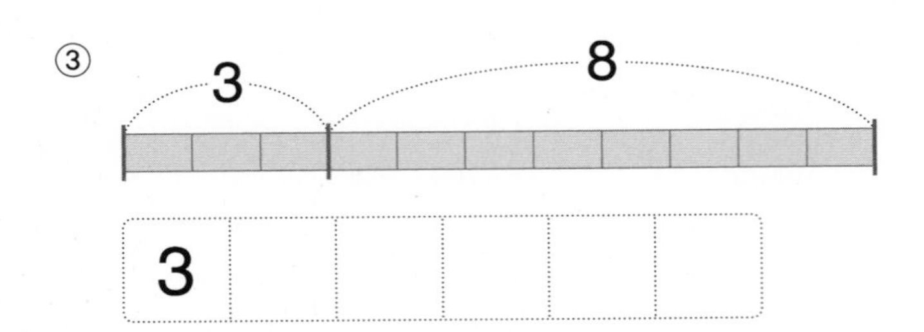

④ 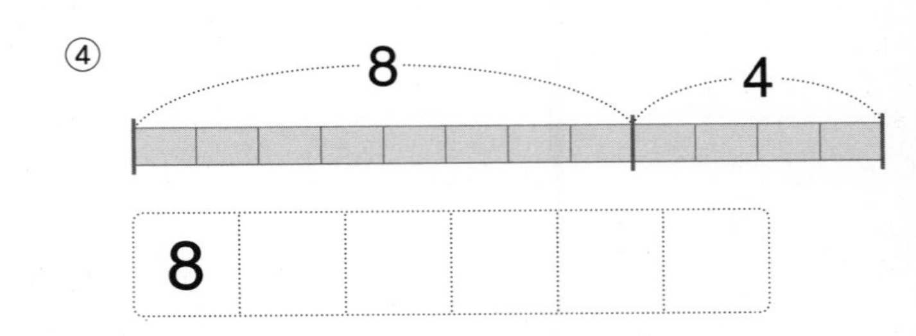

⑤ 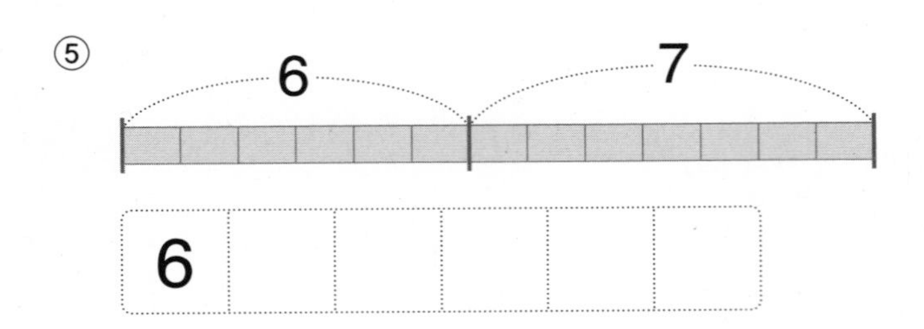

⑥ 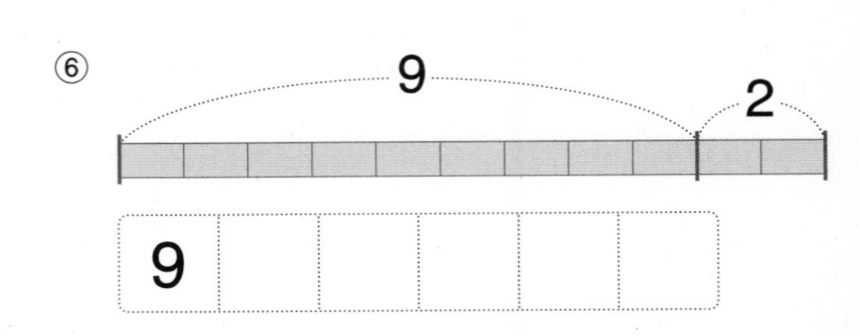

⑦ 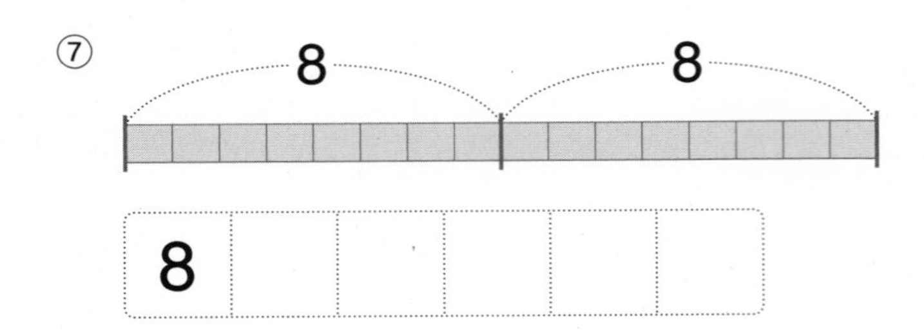

⑧ 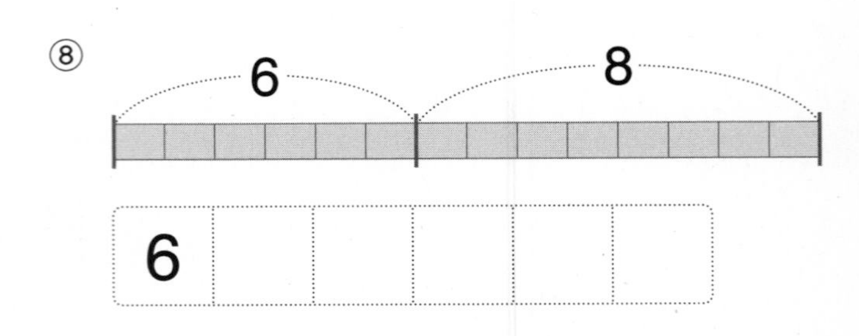

⑨ 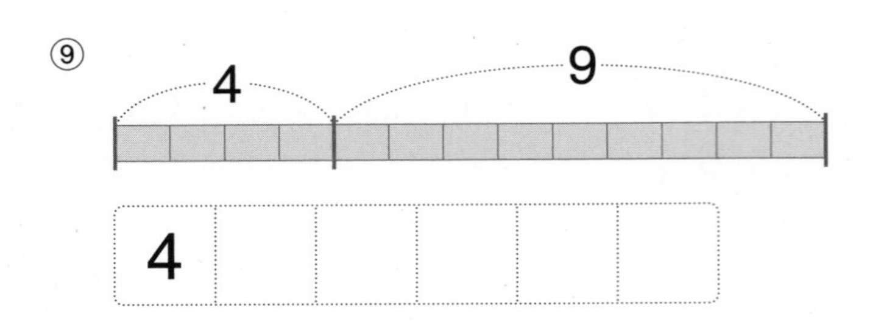

⑩ 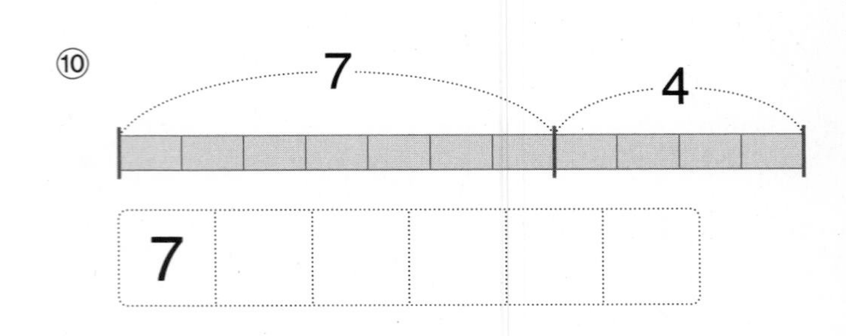

늘어난 후의 길이는 덧셈으로 구할 수 있어!

09 늘어나면 모두 얼마가 될까?

● 늘어난 후의 전체의 길이를 구해 보세요.

①
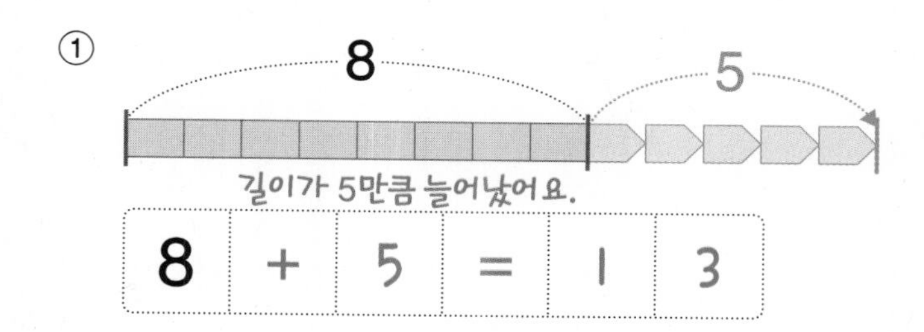

8	+	5	=	1	3

②
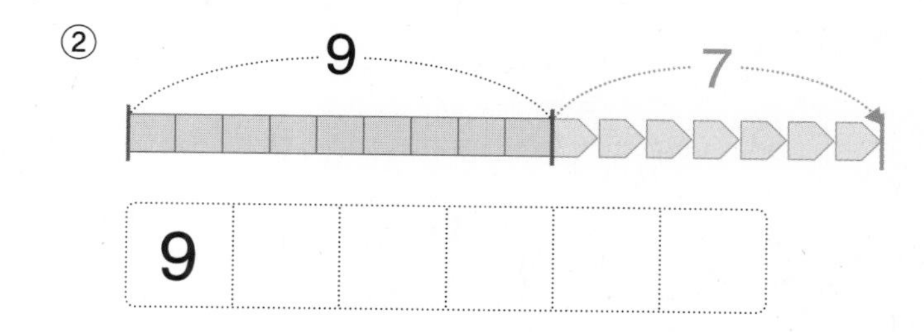

9					

③
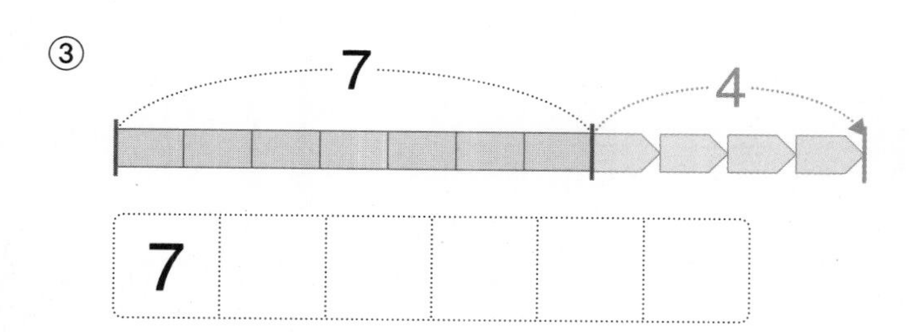

7					

④
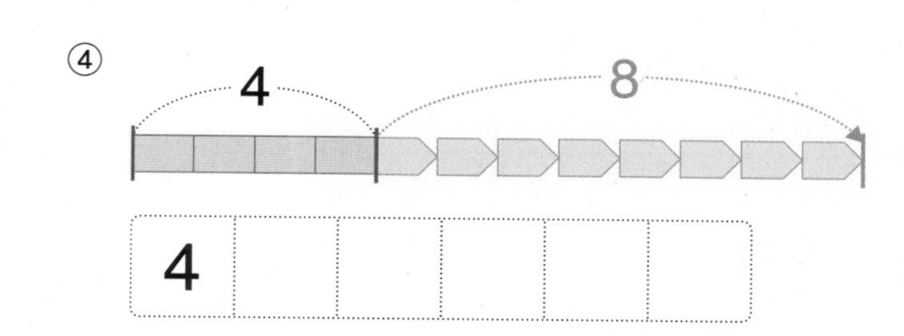

4					

⑤
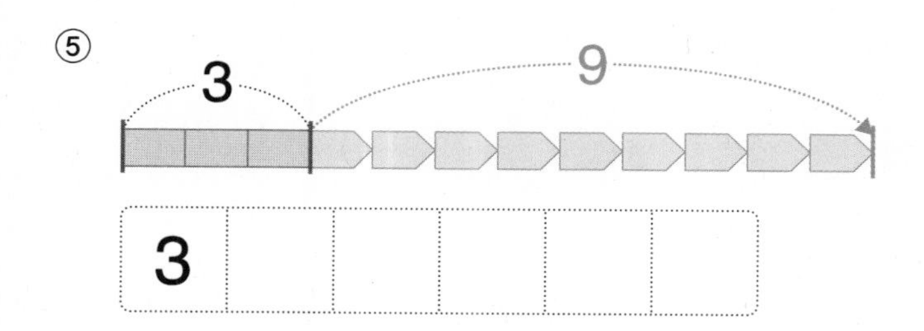

3					

⑥
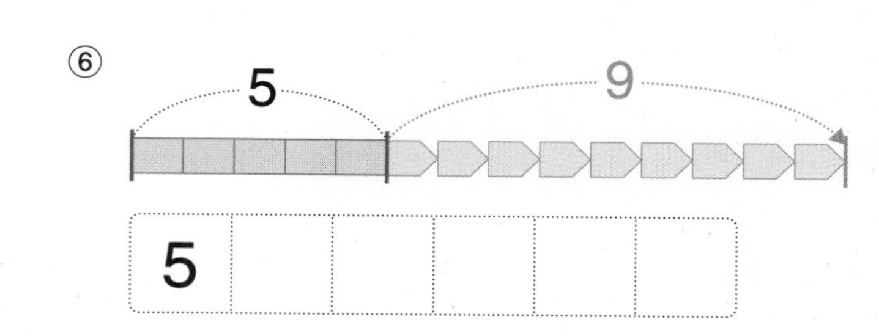

5					

⑦
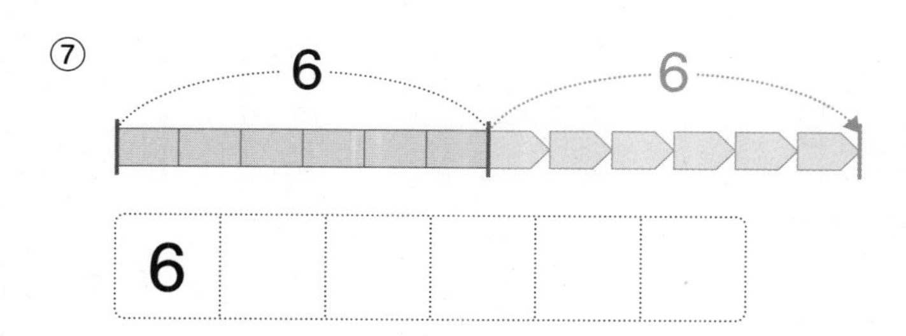

6					

⑧
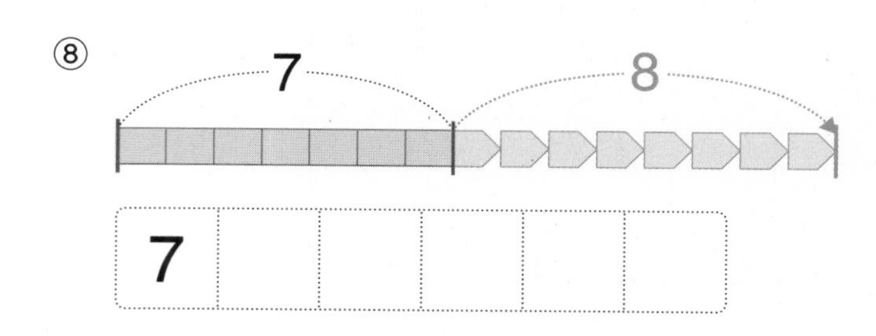

7					

⑨
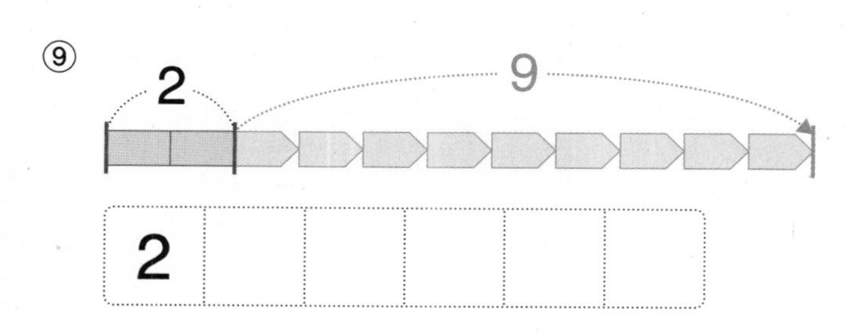

2					

⑩
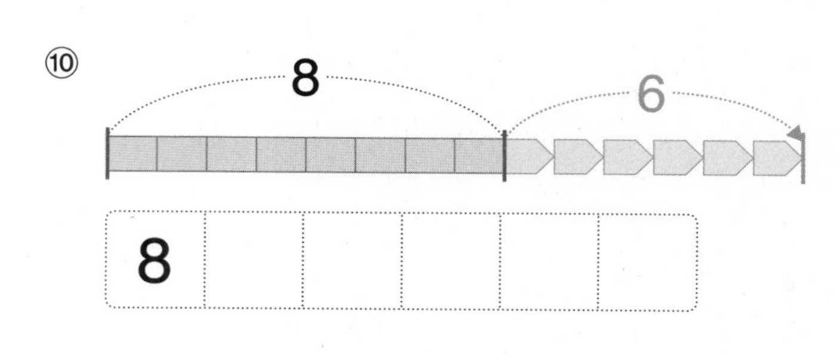

8					

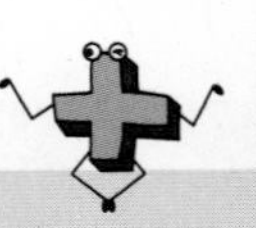

덧셈의 감각

10 합이 같도록 선 긋기

● 두 수의 합이 같도록 선을 그어 보세요.

①

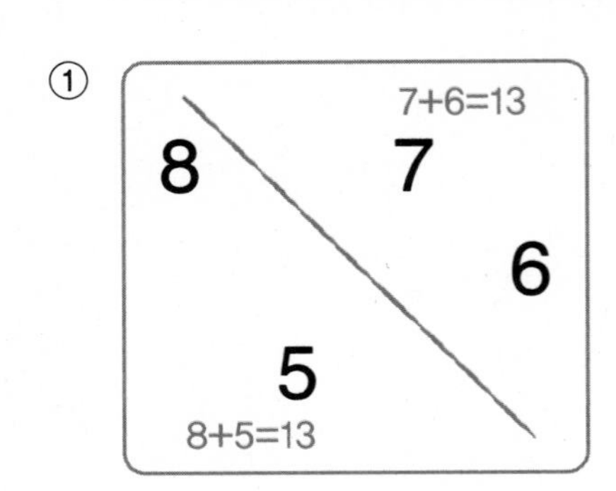

② 4 2 7 9

③ 5 6 8 3

④ 9 8 7 8

⑤ 7 5 8 4

⑥ 8 6 9 5

⑦ 8 7 9 6

⑧ 9 5 7 7

⑨

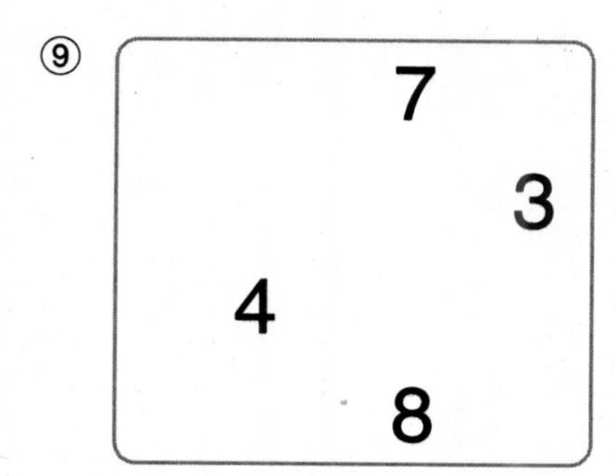

⑩

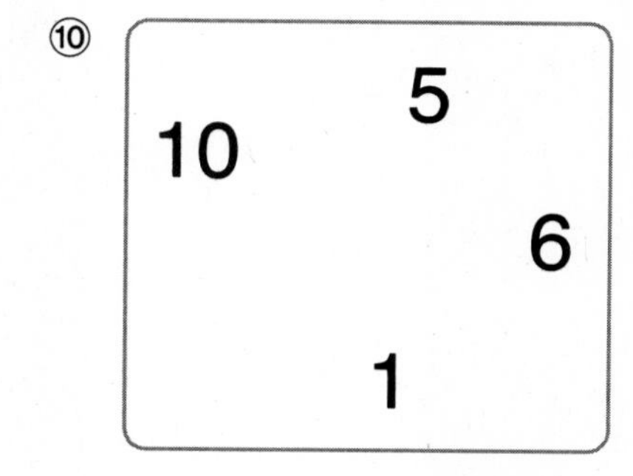

⑪

6 7

5 8

⑫

10

9

9 8

⑬

5

5

4

6

⑭

6

7

9

4

⑮

6

6

3

9

⑯

8

7

9

10

덧셈의 성질

11 등식 완성하기

'='의 양쪽은 같아.

● '='의 양쪽이 같게 되도록 □ 안에 알맞은 수를 써 보세요.

① $5+8 = 10+$ [3]

5 3
10

② $8+9 =$ □ $+10$

③ $6+7 = 10+$ □

④ $8+8 =$ □ $+10$

⑤ $5+6 = 10+$ □

⑥ $4+7 =$ □ $+10$

⑦ $5+7 = 10+$ □

⑧ $9+9 =$ □ $+10$

⑨ $6+8 = 10+$ □

⑩ $6+9 =$ □ $+10$

⑪ $6+5 = 10+$ □

⑫ $8+5 =$ □ $+10$

⑬ $7+8 = 10+$ □

⑭ $8+3 =$ □ $+10$

⑮ $5+9 = \square +4$

⑯ $4+8 = 2+\square$

⑰ $2+9 = \square +1$

⑱ $9+4 = 3+\square$

⑲ $9+6 = \square +5$

⑳ $7+7 = 4+\square$

㉑ $3+9 = \square +2$

㉒ $7+5 = 2+\square$

㉓ $9+6 = 16-\square$

9를 10−1로 생각해 봐요.

㉔ $2+9 = 12-\square$

㉕ $8+3 = 13-\square$

㉖ $9+4 = 14-\square$

㉗ $6+8 = 16-\square$

=(등호)는 수평인 저울처럼 양쪽이 같다는 뜻이야.

15 (9 + 6) = 15 (7 + 8)

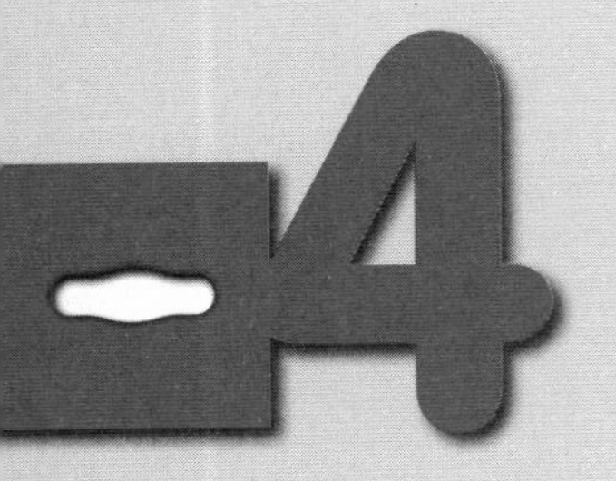

받아내림이 있는 (십몇)－(몇)

10에서 뺄 수 있도록 수를 가르기하자!

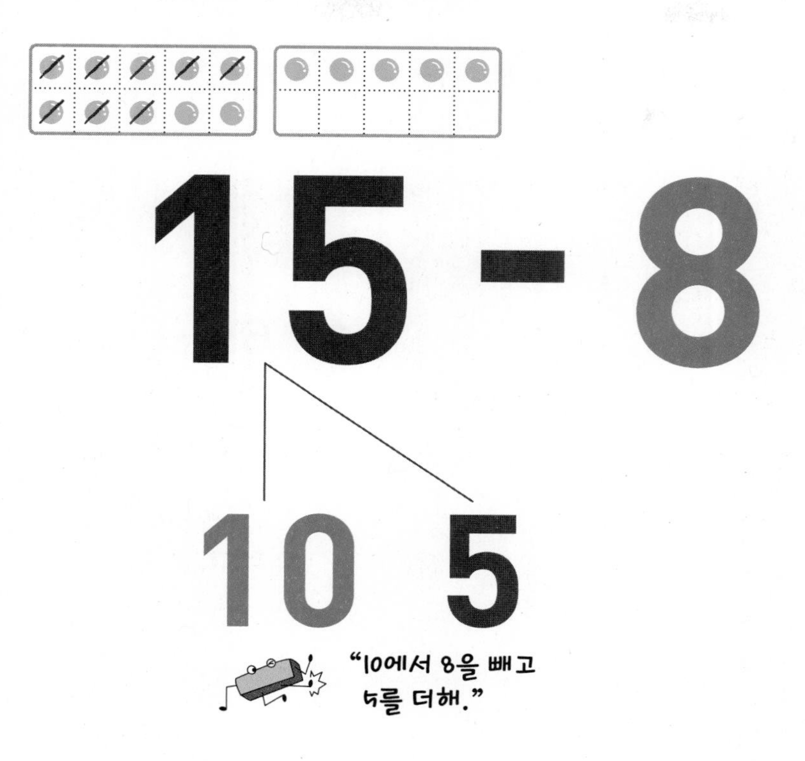

빼서 10이 되도록 수를 가르기하자!

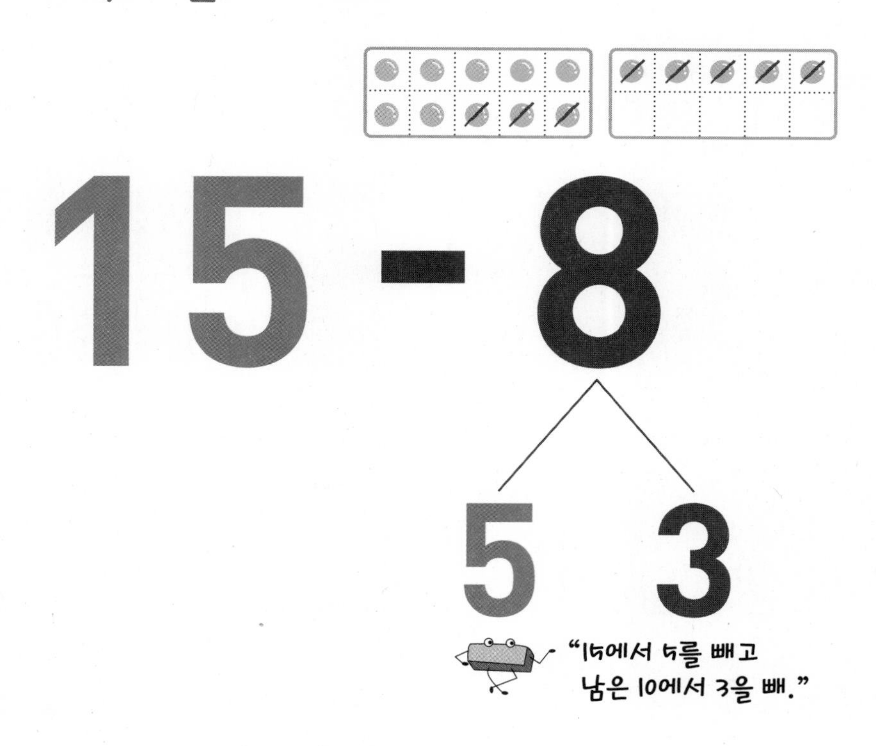

먼저 10개가 되도록 지워 봐!

빨셈의 원리

01 그림을 지워서 빼기

● 남은 구슬은 몇 개인지 구슬을 /으로 지우고 뺄셈을 해 보세요.

①

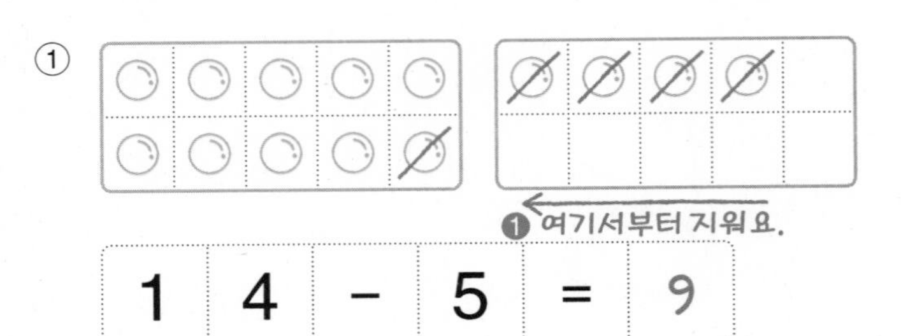

14 - 5 = 9

❷ 남은 구슬은 9개예요.

②

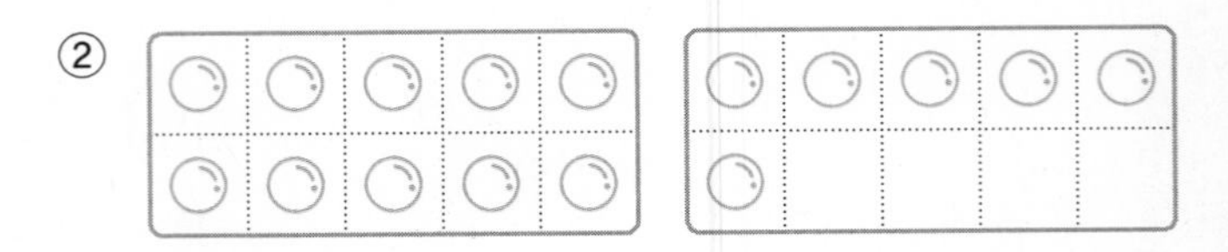

16 - 9 =

③

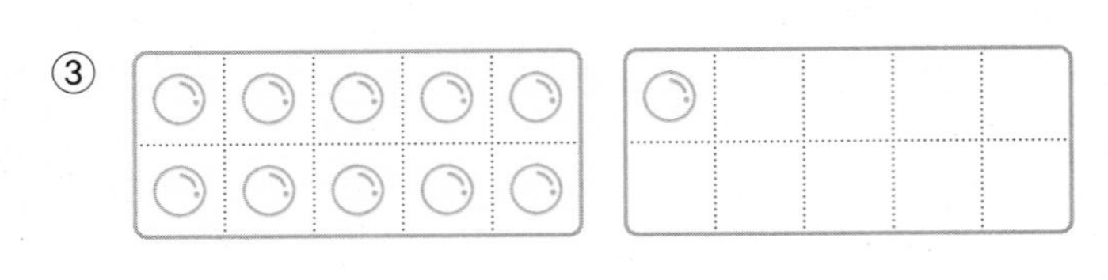

11 - 6 =

④

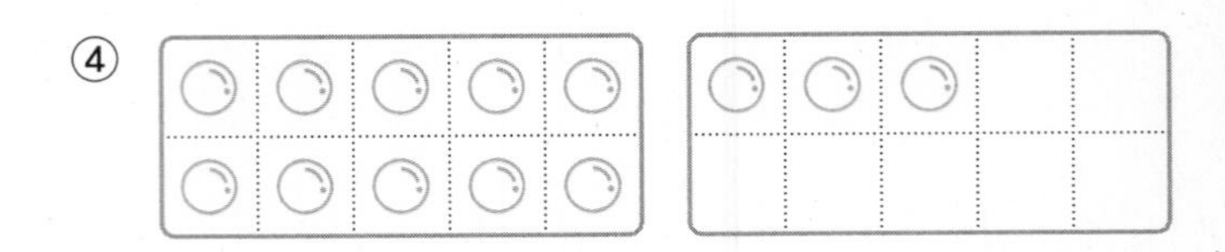

13 - 5 =

⑤

12 - 8 =

⑥

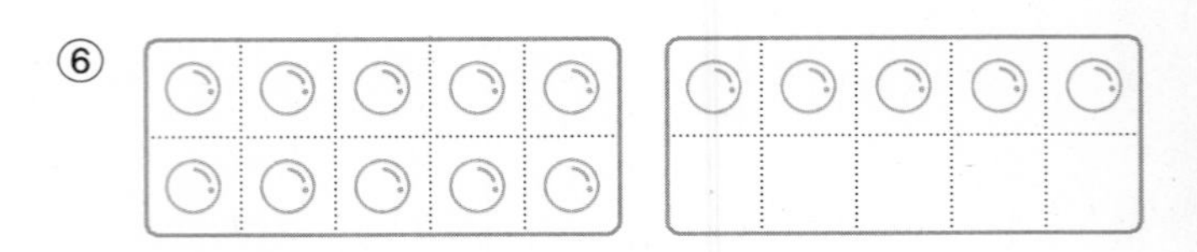

15 - 6 =

⑦

18 - 9 =

⑧

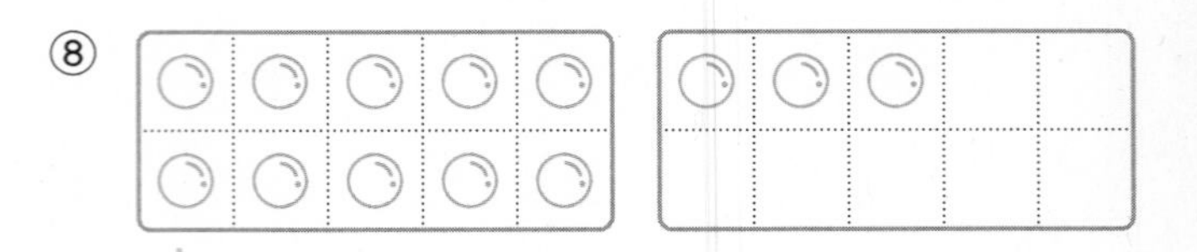

13 - 6 =

⑨

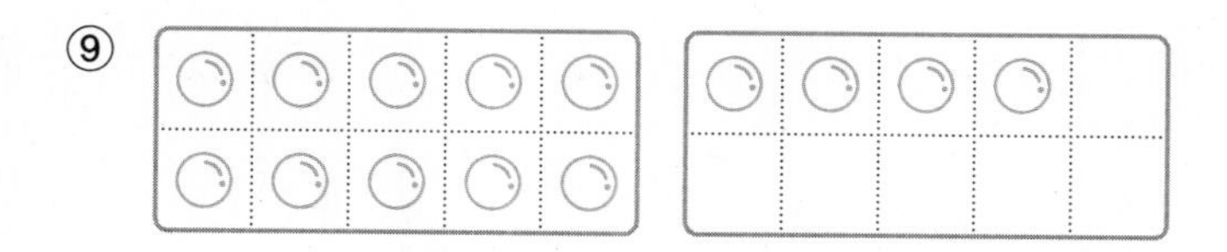

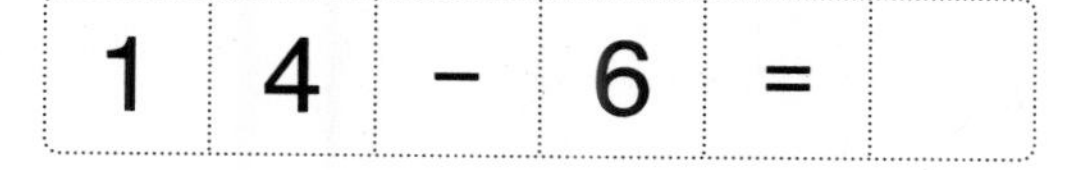

1 4 − 6 =

⑩

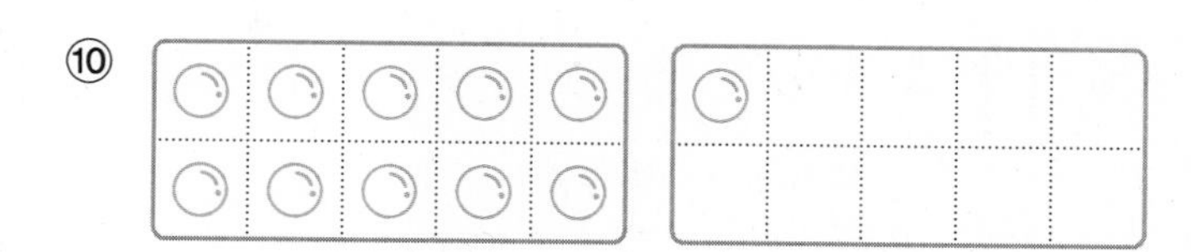

1 1 − 7 =

⑪

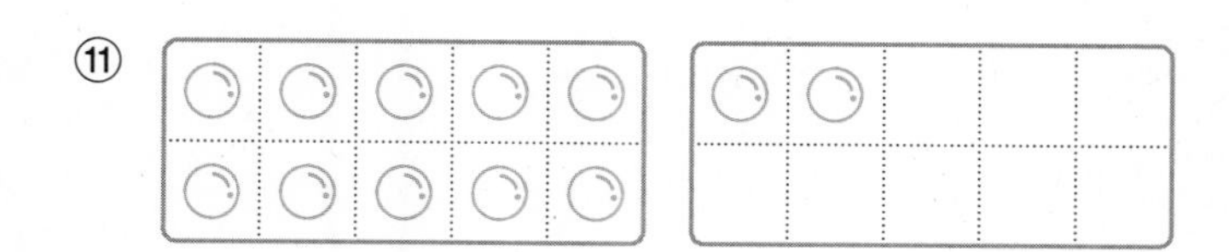

1 2 − 9 =

⑫

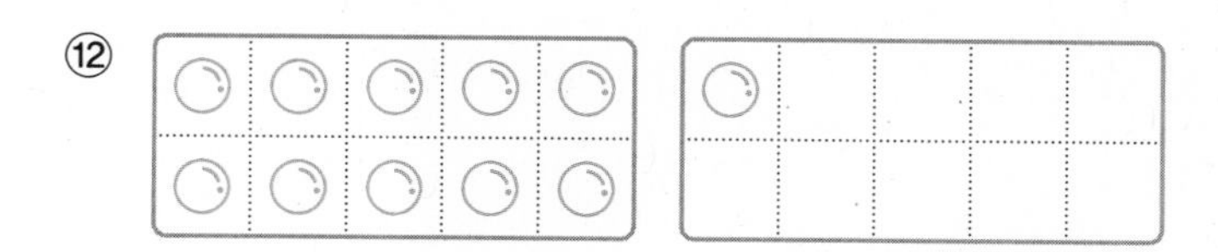

1 1 − 9 =

⑬

1 3 − 8 =

⑭

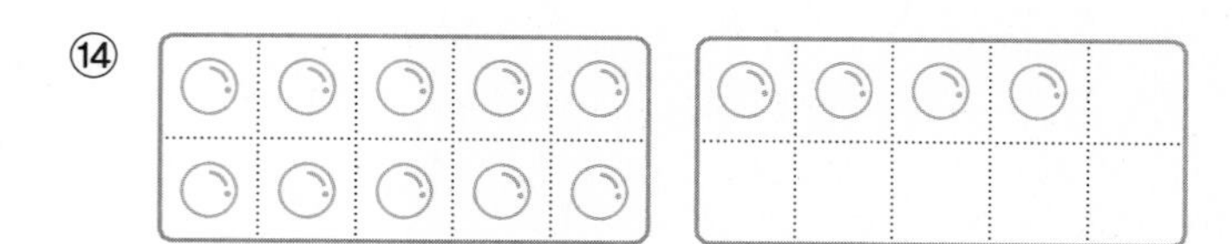

1 4 − 6 =

⑮

1 6 − 8 =

⑯

1 2 − 5 =

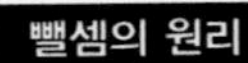

빨셈의 원리

02 수를 가르기하여 빼기(1)

● 가르기하여 뺄셈을 해 보세요.

① 11 - 1 = 10

❶ 5를 가르기해요.

11 - 5 = 10 - 4 = 6 ❸

1 4

10

❷ 10을 만들어요.

② 14 - 4 = ______

14 - 8 = ______ - 4 = ______

4 4

③ 13 - 3 = ______

13 - 9 = ______ - 6 = ______

3 6

④ 15 - 5 = ______

15 - 7 = ______ - 2 = ______

5 2

⑤ 16 - 6 = ______

16 - 9 = ______ - 3 = ______

6 3

⑥ 12 - 2 = ______

12 - 4 = ______ - 2 = ______

2 2

⑦ $13-4=\underline{\quad}-1=\underline{\quad}$

3 1

⑧ $17-9=\underline{\quad}-2=\underline{\quad}$

7 2

⑨ $11-3=\underline{\quad}-2=\underline{\quad}$

1 2

⑩ $12-7=\underline{\quad}-5=\underline{\quad}$

2 5

⑪ $15-8=\underline{\quad}-3=\underline{\quad}$

5 3

⑫ $14-8=\underline{\quad}-4=\underline{\quad}$

4 4

⑬ $18-9=\underline{\quad}-1=\underline{\quad}$

8 1

⑭ $16-7=\underline{\quad}-1=\underline{\quad}$

6 1

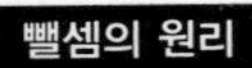

03 수를 가르기하여 빼기(2)

● 가르기하여 뺄셈을 해 보세요.

① $10-8=$ 2

❶ 16을 가르기해요.

$16-8=6+$ 2 $=$ 8

6 10

2

연산 기호에 주의해요.

❷ 10에서 빼요.

❸

② $10-9=$ ______

$13-9=3+$ ______ $=$ ______

3 10

③ $10-7=$ ______

$11-7=1+$ ______ $=$ ______

1 10

④ $10-5=$ ______

$12-5=2+$ ______ $=$ ______

2 10

⑤ $10-8=$ ______

$14-8=4+$ ______ $=$ ______

4 10

⑥ $10-6=$ ______

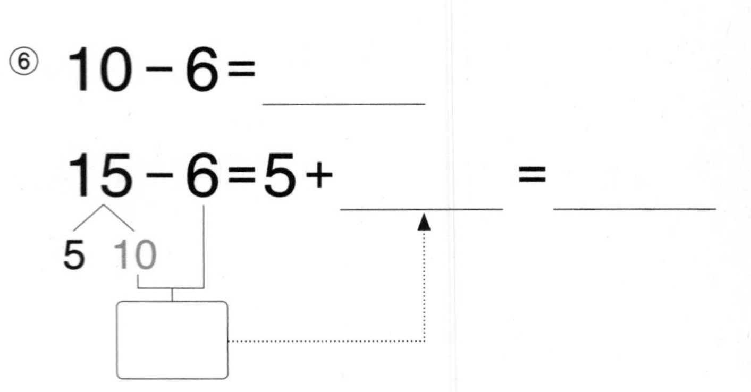

⑦ $14-7=4+\_\_\_\_=\_\_\_\_$

4 10

⑧ $17-9=7+\_\_\_\_=\_\_\_\_$

7 10

⑨ $16-8=6+\_\_\_\_=\_\_\_\_$

6 10

⑩ $11-4=1+\_\_\_\_=\_\_\_\_$

1 10

⑪ $12-3=2+\_\_\_\_=\_\_\_\_$

2 10

⑫ $15-8=5+\_\_\_\_=\_\_\_\_$

5 10

⑬ $18-9=8+\_\_\_\_=\_\_\_\_$

8 10

⑭ $13-6=3+\_\_\_\_=\_\_\_\_$

3 10

04 수를 쪼개어 빼기

앞이나 뒤의 수를 가르기하면 **빼기 쉬워.**

● 뺄셈을 해 보세요.

① $12-4=8$

$12-2-2=8$

4를 빼는 것은 2를 2번 빼는 것과 같아요.

② $11-8=$

$11-1-7=$

③ $13-5=$

$13-3-2=$

④ $12-5=$

$12-2-3=$

⑤ $14-6=$

$14-4-2=$

⑥ $14-7=$

$14-4-3=$

⑦ $15-8=$

$15-5-3=$

⑧ $16-9=$

$16-6-3=$

⑨ $13-4=$

$13-3-1=$

⑩ $11-5=$

$11-1-4=$

⑪ $16-8=$

$16-6-2=$

⑫ $12-8=$

$12-2-6=$

⑬ $11-7=$

$11-1-6=$

⑭ $12-9=$

$12-2-7=$

⑮ $15-9=$

$15-5-4=$

⑯ $15-7=$

$5+10-7=$

⑰ $14-6=$

$4+10-6=$

⑱ $11-9=$

$1+10-9=$

⑲ $12-3=$

$2+10-3=$

⑳ $13-7=$

$3+10-7=$

㉑ $17-9=$

$7+10-9=$

㉒ $18-9=$

$8+10-9=$

㉓ $12-6=$

$2+10-6=$

㉔ $11-4=$

$1+10-4=$

㉕ $13-6=$

$3+10-6=$

㉖ $17-8=$

$7+10-8=$

㉗ $11-2=$

$1+10-2=$

㉘ $15-6=$

$5+10-6=$

㉙ $14-9=$

$4+10-9=$

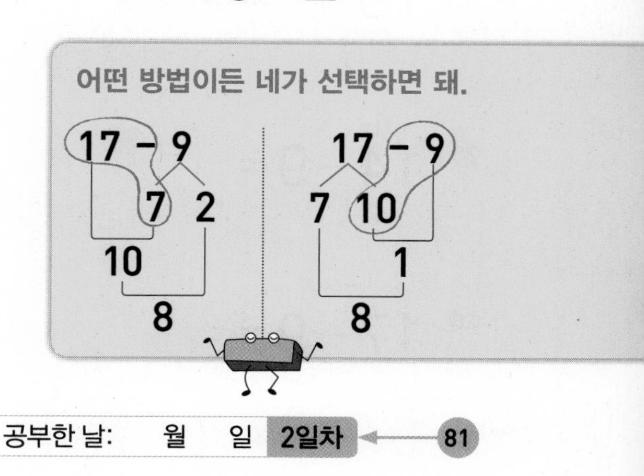

05 가로셈

10-(몇)이 되도록 앞이나 뒤의 수를 가르기하자!

● 뺄셈을 해 보세요.

① 13 − 8 = 5
3 5
10을 만들어요.

② 11 − 4 =
1 10
10에서 빼요.

③ 11 − 3 =

④ 13 − 9 =

⑤ 13 − 5 =

⑥ 12 − 3 =

⑦ 12 − 9 =

⑧ 12 − 5 =

⑨ 13 − 4 =

⑩ 11 − 9 =

⑪ 11 − 5 =

⑫ 13 − 7 =

⑬ 12 − 6 =

⑭ 11 − 6 =

⑮ 13 − 6 =

⑯ 12 − 7 =

⑰ 11 − 7 =

⑱ 14 − 6 =

⑲ 14 − 7 =

⑳ 11 − 8 =

㉑ 12 − 4 =

㉒ 15 − 7 =

㉓ 15 − 8 =

㉔ 12 − 8 =

㉕ 14 − 9 =

㉖ 15 − 9 =

㉗ 16 − 9 =

㉘ 17 − 9 =

㉙ 18 − 9 =

㉚ 17 − 8 =

㉛ $11-2=$	㉜ $14-6=$	㉝ $12-8=$
㉞ $13-7=$	㉟ $14-9=$	㊱ $12-5=$
㊲ $11-5=$	㊳ $11-6=$	㊴ $15-7=$
㊵ $14-7=$	㊶ $13-8=$	㊷ $11-8=$
㊸ $15-9=$	㊹ $13-9=$	㊺ $11-3=$
㊻ $15-8=$	㊼ $16-8=$	㊽ $12-3=$
㊾ $10-3=$	㊿ $18-9=$	(51) $14-8=$
(52) $14-5=$	(53) $11-9=$	(54) $16-9=$
(55) $15-6=$	(56) $12-7=$	(57) $13-6=$
(58) $14-6=$	(59) $17-8=$	(60) $11-4=$

10−(몇)이 되도록 앞이나 뒤의 수를 가르기하자!

⑥① $14-7=$	⑥② $14-6=$	⑥③ $14-5=$
⑥④ $15-8=$	⑥⑤ $17-8=$	⑥⑥ $12-6=$
⑥⑦ $16-7=$	⑥⑧ $18-9=$	⑥⑨ $10-9=$
⑦⓪ $16-8=$	⑦① $12-8=$	⑦② $14-8=$
⑦③ $15-6=$	⑦④ $11-3=$	⑦⑤ $12-4=$
⑦⑥ $17-9=$	⑦⑦ $11-8=$	⑦⑧ $10-8=$
⑦⑨ $11-5=$	⑧⓪ $11-2=$	⑧① $13-8=$
⑧② $12-9=$	⑧③ $15-7=$	⑧④ $13-9=$
⑧⑤ $11-6=$	⑧⑥ $13-6=$	⑧⑦ $12-7=$
⑧⑧ $13-5=$	⑧⑨ $11-4=$	⑨⓪ $13-7=$

06 세로셈

답은 일의 자리, 십의 자리에 맞추어 써야 해!

● 뺄셈을 해 보세요.

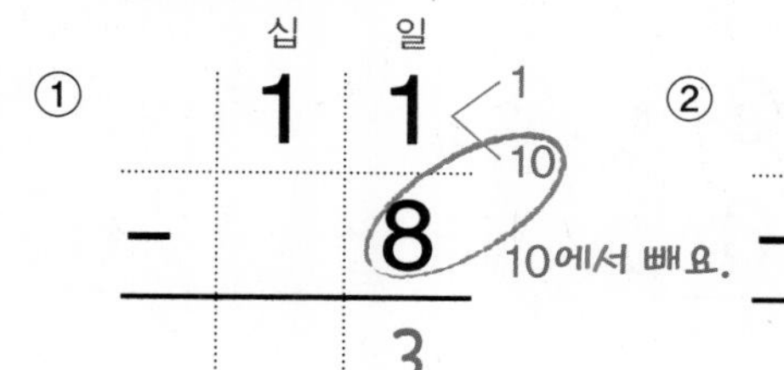

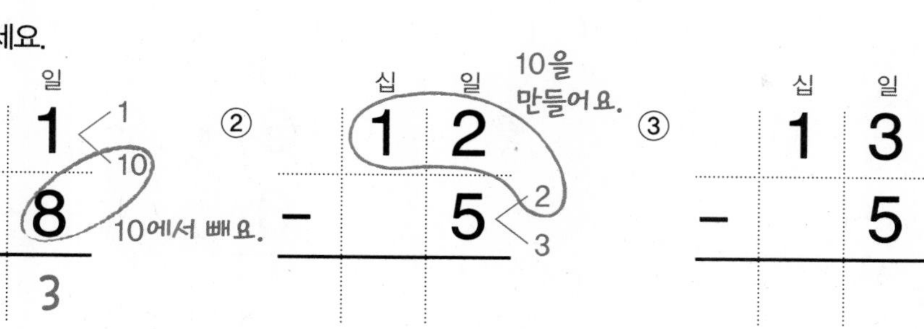

① $11 - 8$

② $12 - 5$

③ $13 - 5$

④ $12 - 8$

⑤ $11 - 2$

⑥ $13 - 8$

⑦ $17 - 8$

⑧ $18 - 9$

⑨ $11 - 5$

⑩ $15 - 7$

⑪ $13 - 6$

⑫ $12 - 6$

⑬ $14 - 6$

⑭ $16 - 7$

⑮ $15 - 9$

⑯ $14 - 5$

⑰ $17 - 9$

⑱ $12 - 7$

⑲ $14 - 7$

⑳ $11 - 3$

답은 일의 자리, 십의 자리에 맞추어 써야 해!

㉑ $\begin{array}{r} 15 \\ -\ \ 7 \\ \hline \end{array}$

㉒ $\begin{array}{r} 13 \\ -\ \ 7 \\ \hline \end{array}$

㉓ $\begin{array}{r} 13 \\ -\ \ 6 \\ \hline \end{array}$

㉔ $\begin{array}{r} 15 \\ -\ \ 6 \\ \hline \end{array}$

㉕ $\begin{array}{r} 11 \\ -\ \ 9 \\ \hline \end{array}$

㉖ $\begin{array}{r} 17 \\ -\ \ 8 \\ \hline \end{array}$

㉗ $\begin{array}{r} 16 \\ -\ \ 8 \\ \hline \end{array}$

㉘ $\begin{array}{r} 14 \\ -\ \ 8 \\ \hline \end{array}$

㉙ $\begin{array}{r} 12 \\ -\ \ 9 \\ \hline \end{array}$

㉚ $\begin{array}{r} 15 \\ -\ \ 8 \\ \hline \end{array}$

㉛ $\begin{array}{r} 16 \\ -\ \ 7 \\ \hline \end{array}$

㉜ $\begin{array}{r} 13 \\ -\ \ 5 \\ \hline \end{array}$

㉝ $\begin{array}{r} 11 \\ -\ \ 4 \\ \hline \end{array}$

㉞ $\begin{array}{r} 12 \\ -\ \ 3 \\ \hline \end{array}$

㉟ $\begin{array}{r} 14 \\ -\ \ 9 \\ \hline \end{array}$

㊱ $\begin{array}{r} 11 \\ -\ \ 6 \\ \hline \end{array}$

㊲ $\begin{array}{r} 16 \\ -\ \ 9 \\ \hline \end{array}$

㊳ $\begin{array}{r} 11 \\ -\ \ 7 \\ \hline \end{array}$

㊴ $\begin{array}{r} 13 \\ -\ \ 8 \\ \hline \end{array}$

㊵ $\begin{array}{r} 11 \\ -\ \ 8 \\ \hline \end{array}$

㊶ $\begin{array}{r} 13 \\ -\ \ 4 \\ \hline \end{array}$

㊷ $\begin{array}{r} 14 \\ -\ \ 5 \\ \hline \end{array}$

㊸ $\begin{array}{r} 12 \\ -\ \ 4 \\ \hline \end{array}$

㊹ $\begin{array}{r} 12 \\ -\ \ 5 \\ \hline \end{array}$

㊺ $\begin{array}{r} 14 \\ -\ \ 6 \\ \hline \end{array}$

㊻ $\begin{array}{r} 11 \\ -\ \ 5 \\ \hline \end{array}$

㊼ $\begin{array}{r} 11 \\ -\ \ 3 \\ \hline \end{array}$

㊽ $\begin{array}{r} 13 \\ -\ \ 6 \\ \hline \end{array}$

㊾ $\begin{array}{r} 13 \\ -\ \ 9 \\ \hline \end{array}$

㊿ $\begin{array}{r} 13 \\ -\ \ 5 \\ \hline \end{array}$

51 $\begin{array}{r} 12 \\ -\ \ 8 \\ \hline \end{array}$

52 $\begin{array}{r} 15 \\ -\ \ 7 \\ \hline \end{array}$

53 $\begin{array}{r} 11 \\ -\ \ 2 \\ \hline \end{array}$

54 $\begin{array}{r} 12 \\ -\ \ 9 \\ \hline \end{array}$

55 $\begin{array}{r} 12 \\ -\ \ 7 \\ \hline \end{array}$

56 $\begin{array}{r} 18 \\ -\ \ 9 \\ \hline \end{array}$

57 $\begin{array}{r} 12 \\ -\ \ 6 \\ \hline \end{array}$

58 $\begin{array}{r} 15 \\ -\ \ 9 \\ \hline \end{array}$

59 $\begin{array}{r} 17 \\ -\ \ 9 \\ \hline \end{array}$

60 $\begin{array}{r} 14 \\ -\ \ 8 \\ \hline \end{array}$

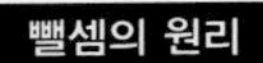

뺄셈의 원리

07 다르면서 같은 뺄셈

● 뺄셈을 해 보세요.

①

빼지는 수와 빼는 수가 모두 1씩 커져요.

10 − 1 = 9	11 − 2 = 9	12 − 3 =
13 − 4 =	14 − 5 =	15 − 6 =
16 − 7 =	17 − 8 =	18 − 9 =
19 − 10 =		

②

10 − 2 =	11 − 3 =	12 − 4 =
13 − 5 =	14 − 6 =	15 − 7 =
16 − 8 =	17 − 9 =	18 − 10 =

③

10 − 3 =	11 − 4 =	12 − 5 =
13 − 6 =	14 − 7 =	15 − 8 =
16 − 9 =	17 − 10 =	

④

10 − 9 =	11 − 10 =

⑤

$10-4=$ $11-5=$ $12-6=$

$13-7=$ $14-8=$ $15-9=$

$16-10=$

⑥

$10-5=$ $11-6=$ $12-7=$

$13-8=$ $14-9=$ $15-10=$

⑦

$10-6=$ $11-7=$ $12-8=$

$13-9=$ $14-10=$

⑧

$10-7=$ $11-8=$ $12-9=$

$13-10=$

⑨

$10-8=$ $11-9=$ $12-10=$

08 덧셈과 뺄셈의 관계

● 계산을 해 보세요.

① $3+9=$ 12
$12-3=$ 9
위의 덧셈을 이용하면 아래 뺄셈의 답을 알 수 있어요.

② $6+6=$
$12-6=$

③ $8+9=$
$17-8=$

④ $7+4=$
$11-7=$

⑤ $8+3=$
$11-8=$

⑥ $4+8=$
$12-4=$

⑦ $6+9=$
$15-6=$

⑧ $6+5=$
$11-6=$

⑨ $9+2=$
$11-9=$

⑩ $6+8=$
$14-6=$

⑪ $7+6=$
$13-7=$

⑫ $9+5=$
$14-9=$

⑬ $5+7=$
$12-5=$

⑭ $7+7=$
$14-7=$

⑮ $9+7=$
$16-9=$

⑯ $13-5=$

$5+8=$

위의 뺄셈을 이용하면 아래 덧셈의 답을 알 수 있어요.

⑰ $11-5=$

$5+6=$

⑱ $12-7=$

$7+5=$

⑲ $15-9=$

$9+6=$

⑳ $11-2=$

$2+9=$

㉑ $15-8=$

$8+7=$

㉒ $16-8=$

$8+8=$

㉓ $11-4=$

$4+7=$

㉔ $17-9=$

$9+8=$

㉕ $14-8=$

$8+6=$

㉖ $13-4=$

$4+9=$

㉗ $18-9=$

$9+9=$

㉘ $12-8=$

$8+4=$

㉙ $13-6=$

$6+7=$

㉚ $13-8=$

$8+5=$

전체는 파란 끈과 빨간 끈으로 이루어져 있어. 

09 세 수로 덧셈식, 뺄셈식 만들기

● 세 수를 이용하여 덧셈식과 뺄셈식을 만들어 보세요.

①

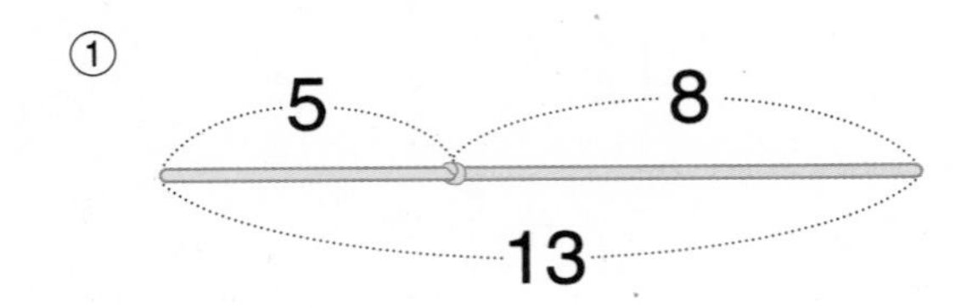

파란 끈의 길이와 빨간 끈의 길이를 더하면 전체 길이가 돼요.

5 + 8 = 13 , 8 + 5 = 13

13 − 5 = 8 , 13 − 8 = 5

전체 길이에서 한 끈의 길이를 빼면 다른 끈의 길이가 남아요.

② 6, 9, 15

6 + ___ = ___ , 9 + ___ = ___

15 − ___ = ___ , 15 − ___ = ___

③ 3, 9, 12

3 + ___ = ___ , 9 + ___ = ___

12 − ___ = ___ , 12 − ___ = ___

④ 7, 4, 11

7 + ___ = ___ , 4 + ___ = ___

11 − ___ = ___ , 11 − ___ = ___

⑤ 8, 6, 14

8 + ___ = ___ , 6 + ___ = ___

14 − ___ = ___ , 14 − ___ = ___

⑥

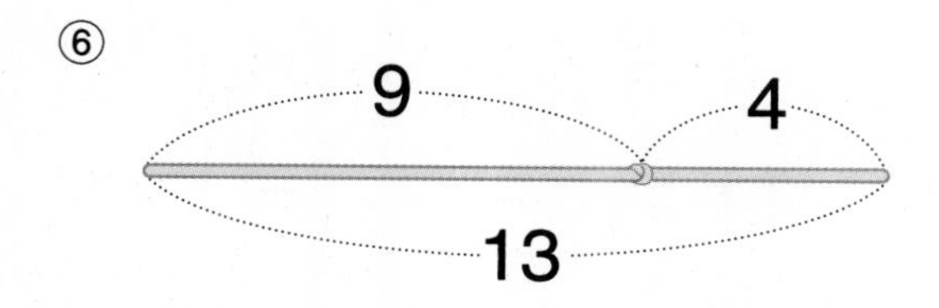

___ + ___ = ___, ___ + ___ = ___

___ − ___ = ___, ___ − ___ = ___

⑦

9 8

17

___ + ___ = ___, ___ + ___ = ___

___ − ___ = ___, ___ − ___ = ___

⑧

3 8

11

___ + ___ = ___, ___ + ___ = ___

___ − ___ = ___, ___ − ___ = ___

⑨

7 5

12

___ + ___ = ___, ___ + ___ = ___

___ − ___ = ___, ___ − ___ = ___

⑩

9 2

11

___ + ___ = ___, ___ + ___ = ___

___ − ___ = ___, ___ − ___ = ___

10 화살표 방향으로 계산하기

● 빈칸에 알맞은 수를 써 보세요.

① 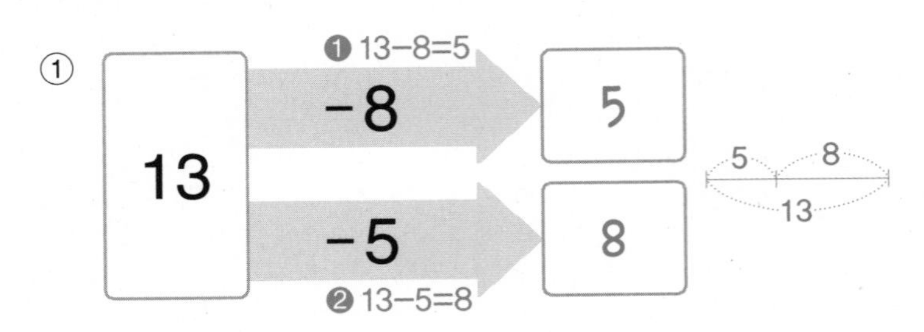

② 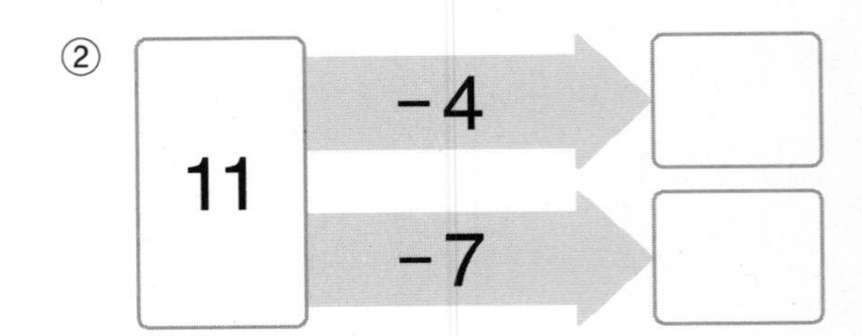

③ 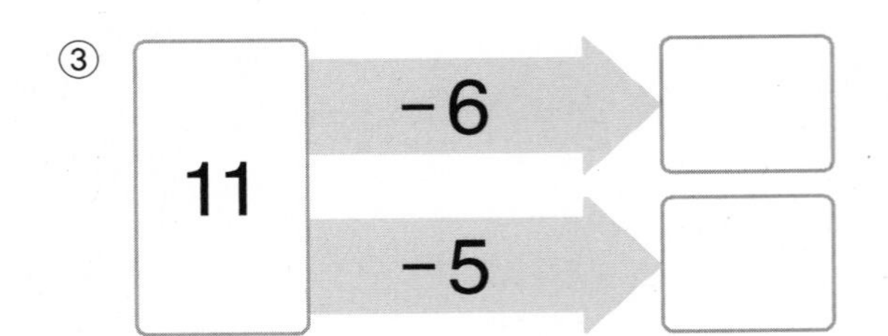

④ 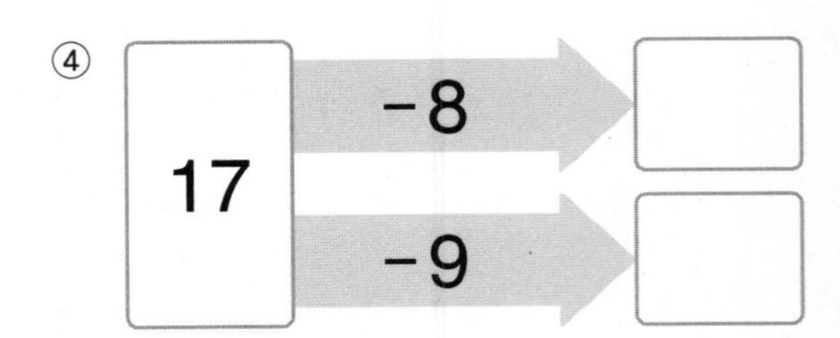

⑤ 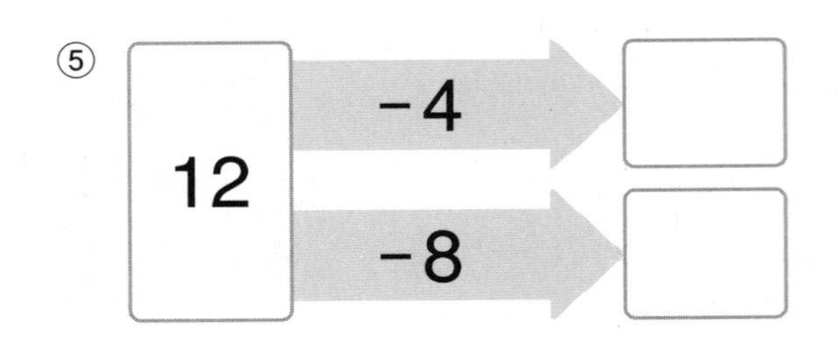

⑥ 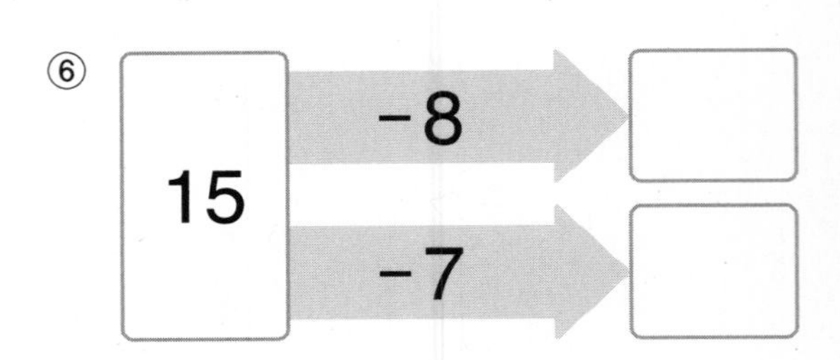

⑦ 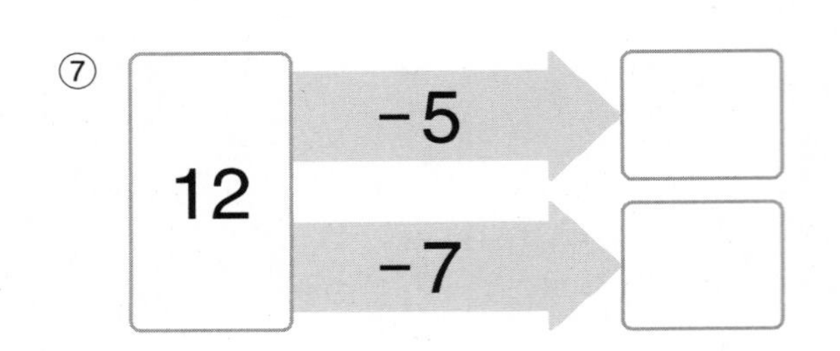

⑧ 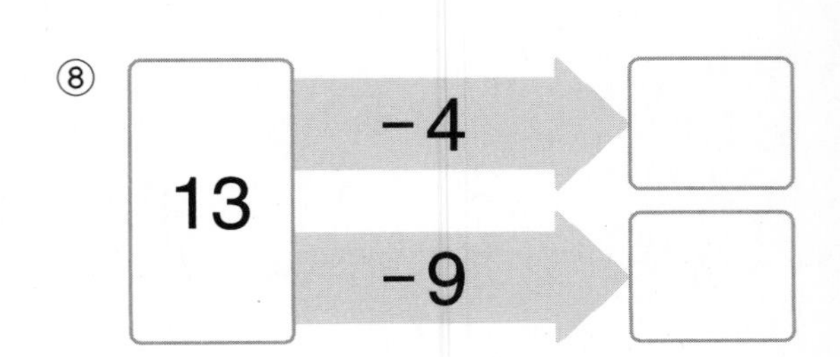

⑨

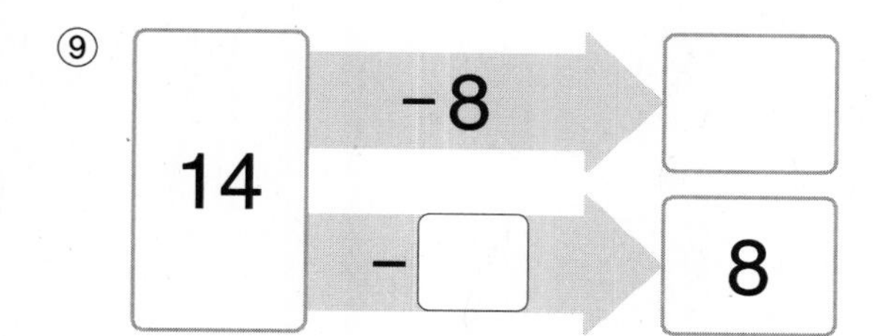

⑩

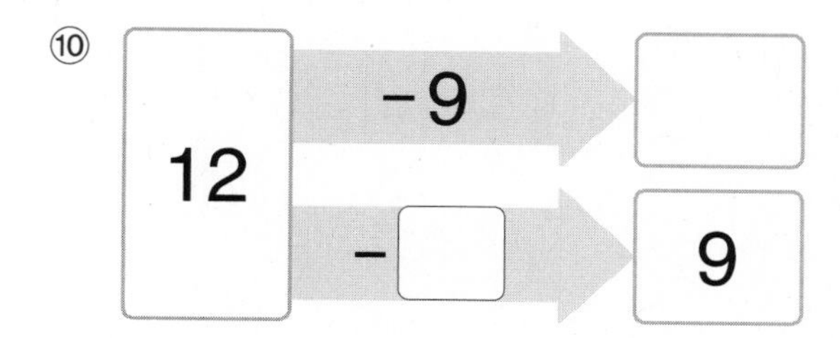

⑪

11

-3

-

3

⑫

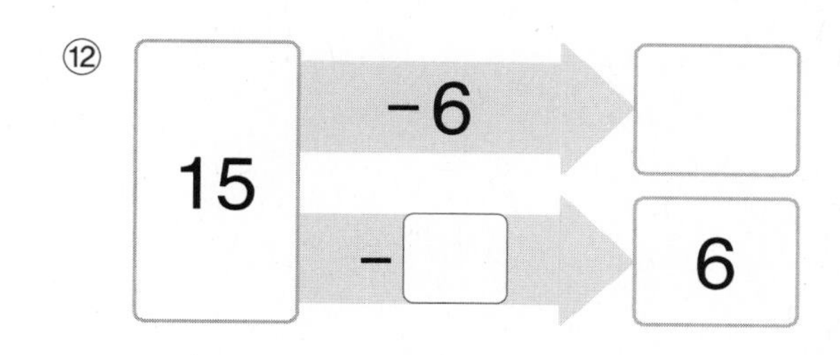

⑬

13

-

8

-8

⑭

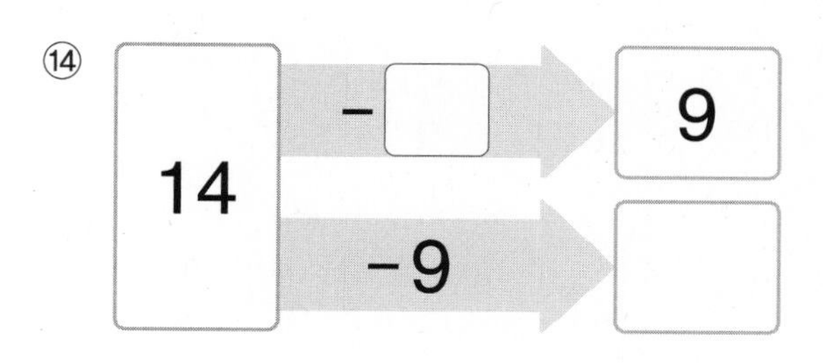

⑮

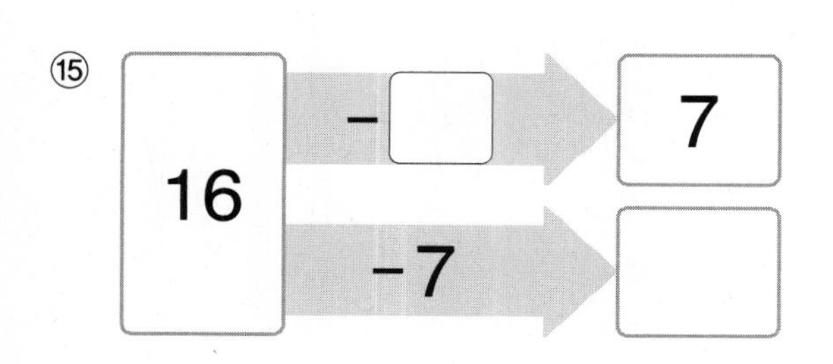

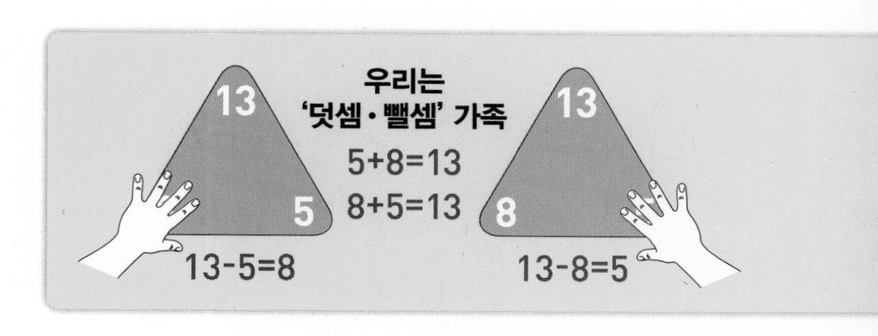

두 수씩 짝 지어 빼 보자!

11 차가 같은 두 수를 선으로 잇기

● 차가 같은 두 수를 모두 찾아 선으로 이어 보세요. (단, 옆에 있는 두 수는 이을 수 없습니다.)

①

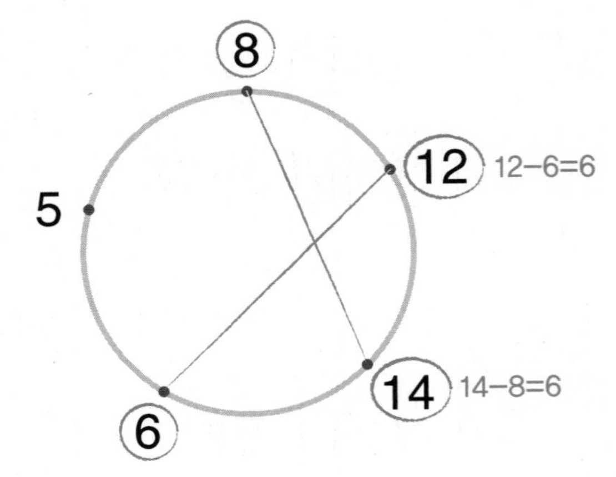

②

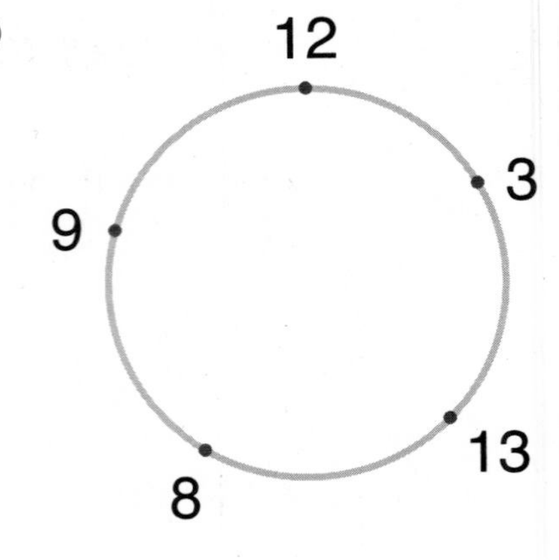

③

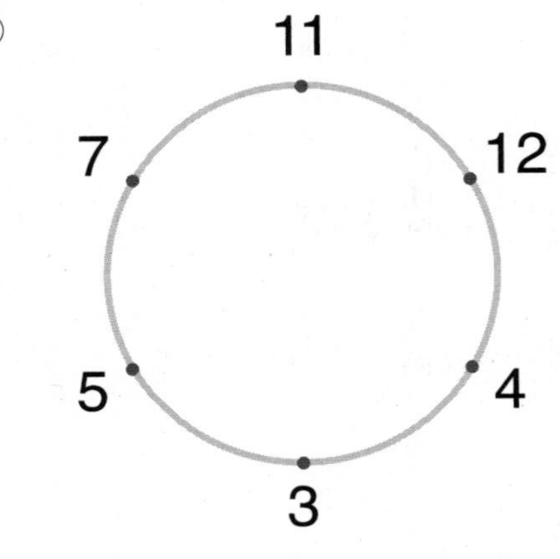

④

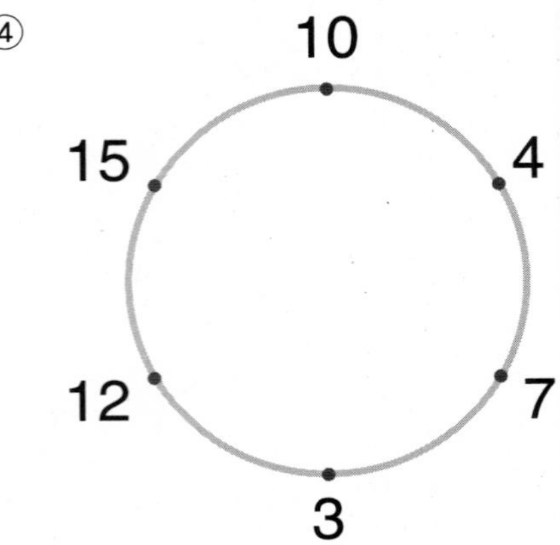

⑤

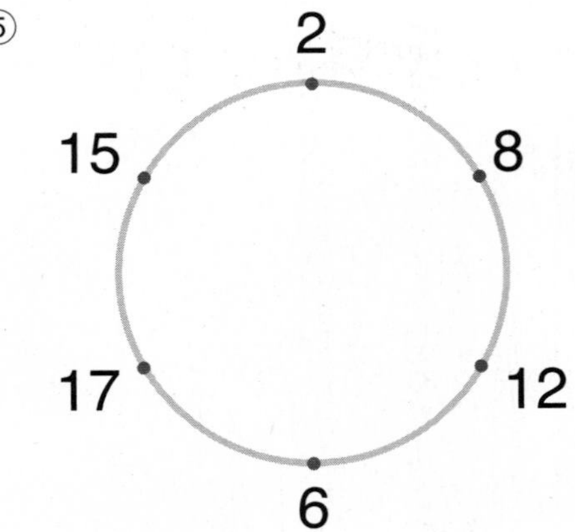

⑥

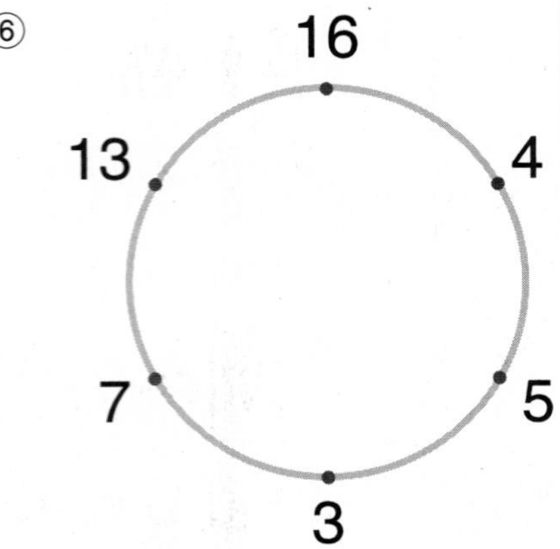

12 등식 완성하기

'='의 양쪽은 같아.

● '='의 양쪽이 같게 되도록 □ 안에 알맞은 수를 써 보세요.

① 12 − 9 = 10 − [7]

(9 → 2, 7; 12 − 2 = 10)

② 15 − 7 = □ − 2

③ 13 − 8 = 10 − □

④ 11 − 4 = □ − 3

⑤ 12 − 5 = 10 − □

⑥ 17 − 9 = □ − 2

⑦ 15 − 7 = 10 − □

⑧ 17 − 8 = □ − 1

⑨ 11 − 2 = 1 + □

(11 → 1, 10; 10 − 2 = 8)

⑩ 14 − 8 = □ + 2

⑪ 16 − 8 = 6 + □

⑫ 13 − 6 = □ + 4

⑬ 18 − 9 = 8 + □

⑭ 14 − 5 = □ + 5

+5 (몇십)+(몇), (몇)+(몇십)

몇십과 몇을 더하면 몇십몇이 돼.

20 + 2 = 22

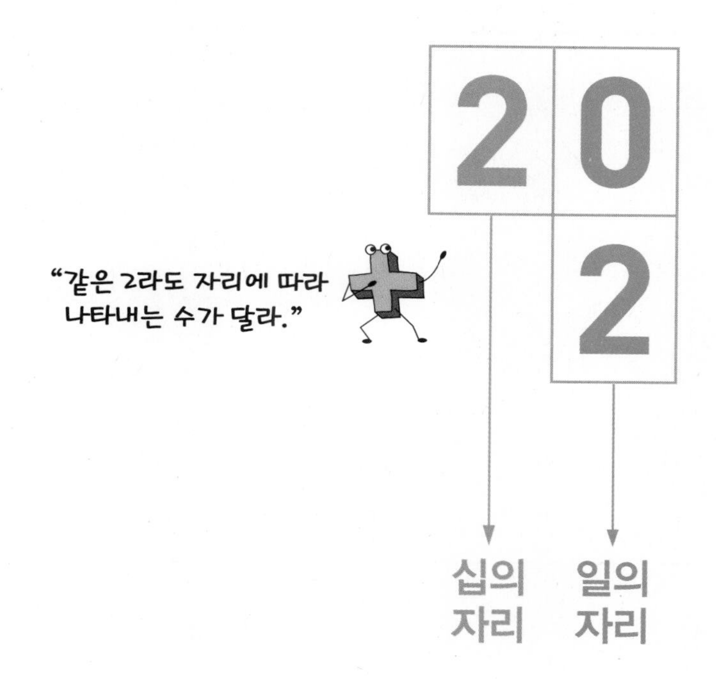

몇과 몇십을 더해도 몇십몇이 돼.

$$\begin{array}{r} 2 \\ +\ 20 \\ \hline 22 \end{array}$$

두 수를 바꾸어 더해도
합은 같습니다.

10씩 묶음의 수는 십의 자리 수가 되고 낱개의 수는 일의 자리 수가 돼.

덧셈의 원리

01 블록으로 덧셈하기

● 블록을 보고 덧셈을 해 보세요.

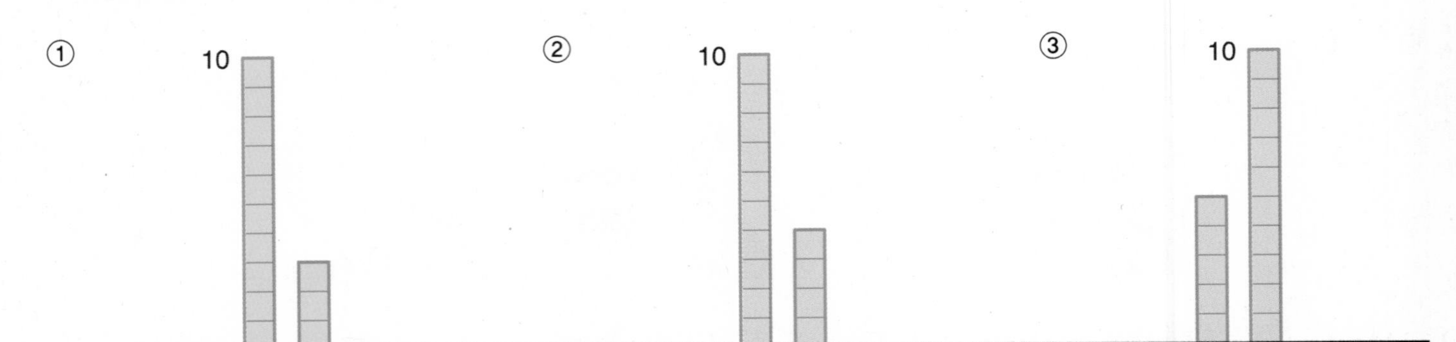

$10+3=$ 1 3

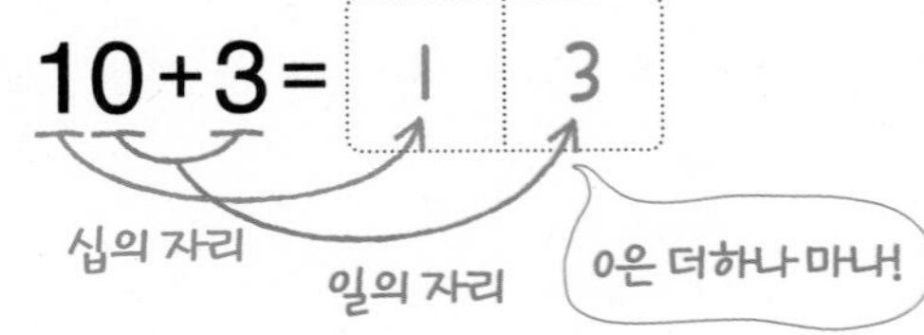

$10+4=$ ☐☐

$5+10=$ ☐☐

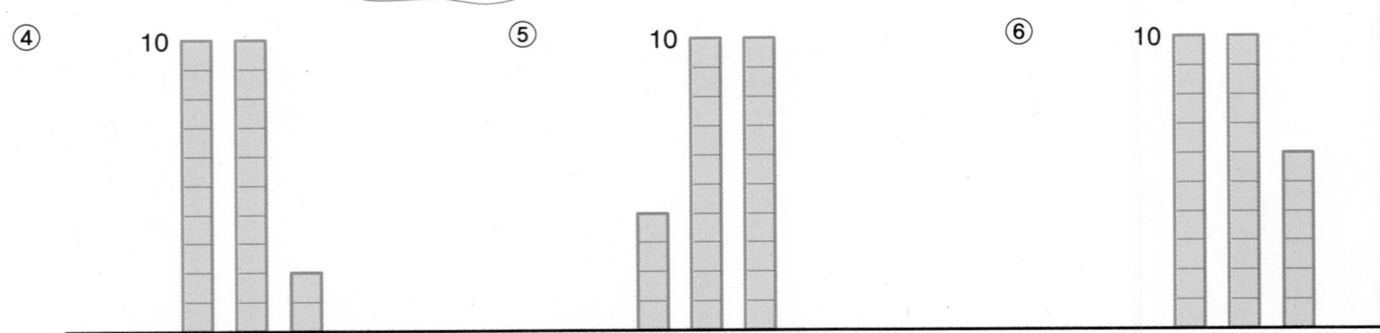

$20+2=$ ☐☐

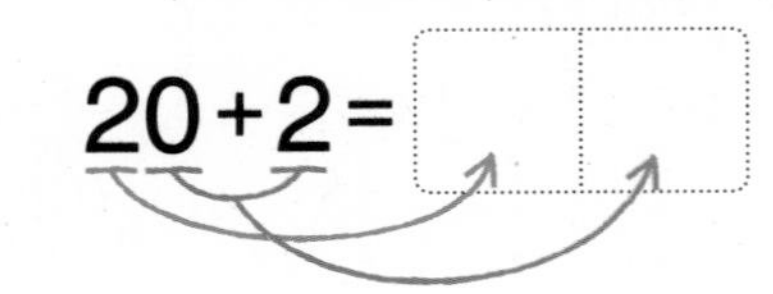

$4+20=$ ☐☐

$20+6=$ ☐☐

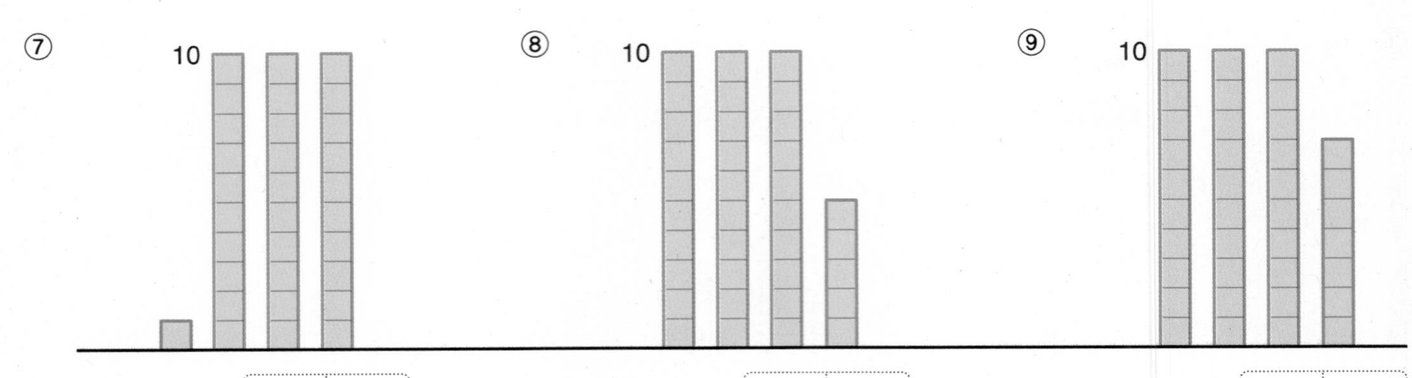

$1+30=$ ☐☐

$30+5=$ ☐☐

$30+7=$ ☐☐

⑩

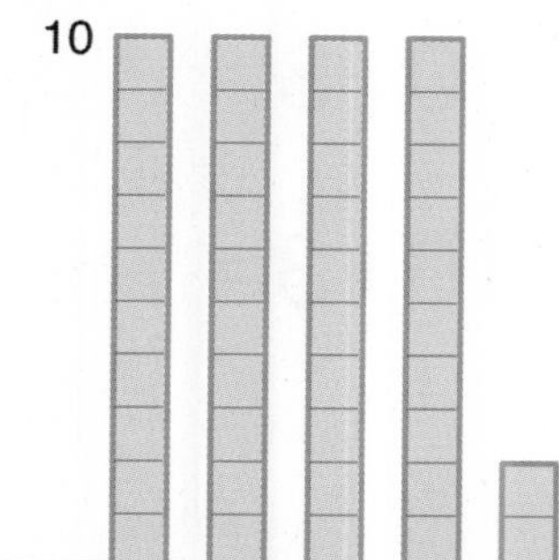

$40+2=$

⑪

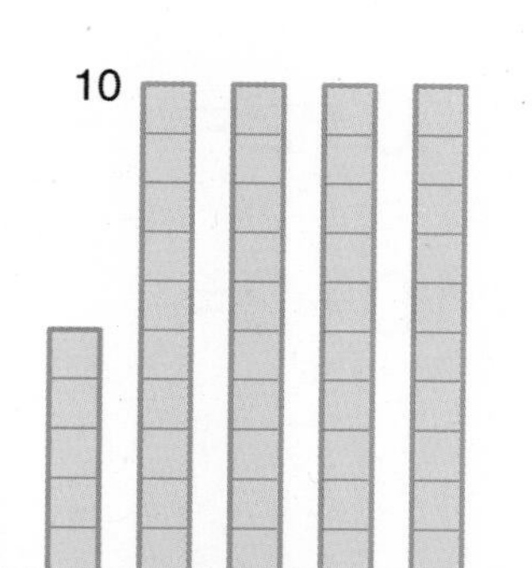

$5+40=$

⑫

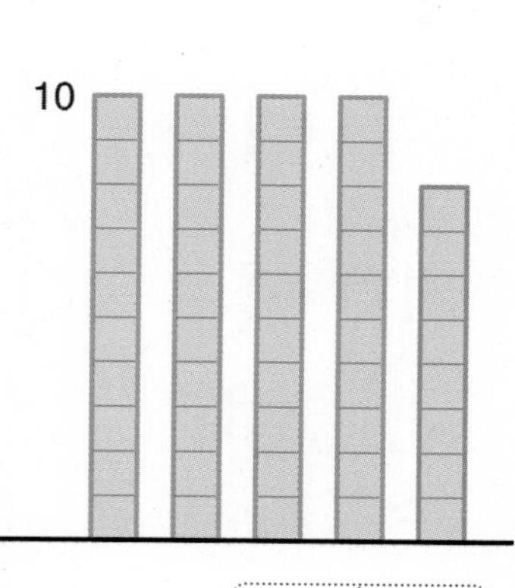

$40+8=$

⑬

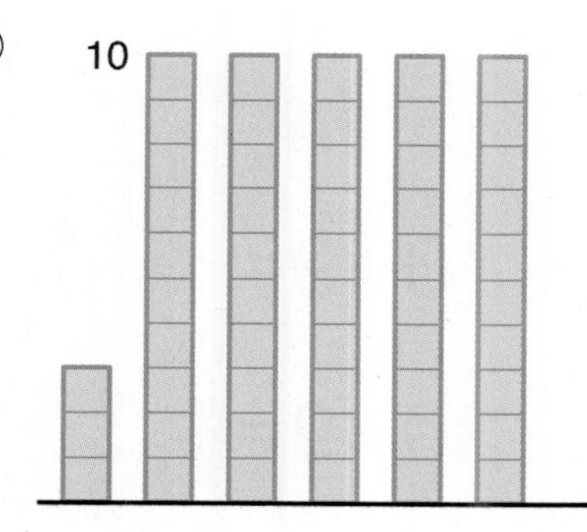

$3+50=$

⑭

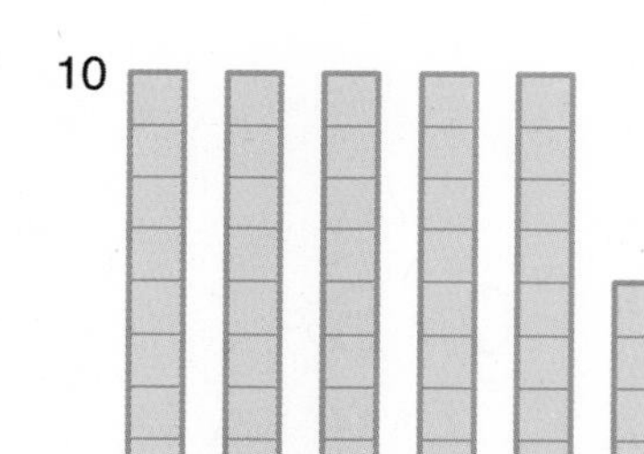

$50+6=$

⑮

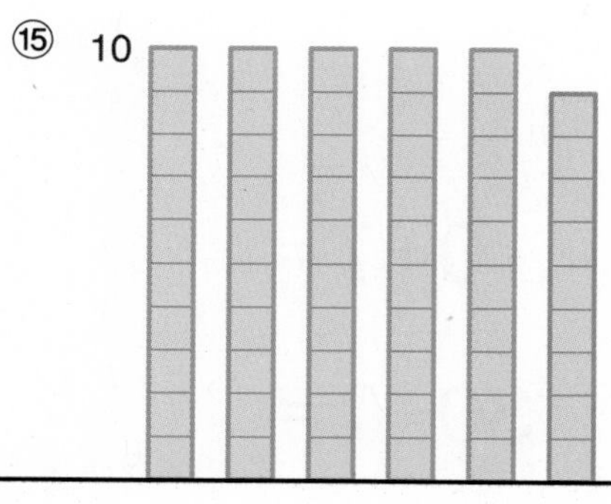

$50+9=$

⑯

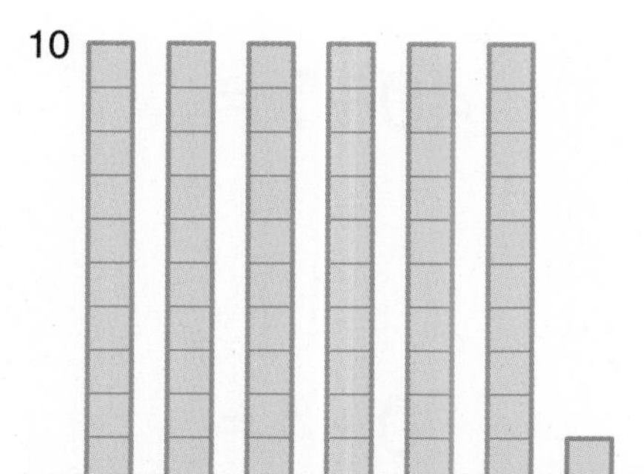

$60+1=$

⑰

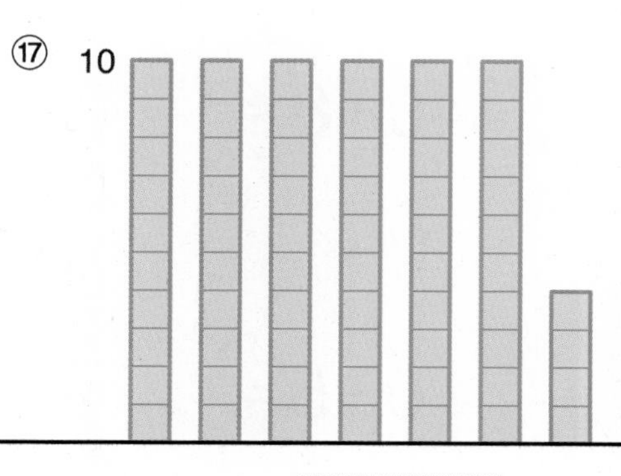

$60+4=$

⑱

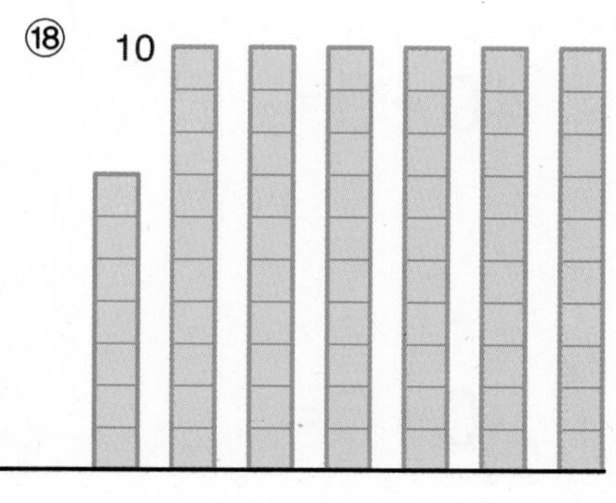

$7+60=$

덧셈의 원리

02 단계에 따라 덧셈하기

● 덧셈을 해 보세요.

① $0+1=$ [ ][1] (일의 자리)
$10+1=$ [1][1] (십의 자리)

② $0+2=$ [ ][ ]
$10+2=$ [ ][ ]

③ $0+3=$ [ ][ ]
$10+3=$ [ ][ ]

④ $0+4=$ [ ][ ]
$20+4=$ [ ][ ]

⑤ $0+5=$ [ ][ ]
$20+5=$ [ ][ ]

⑥ $0+6=$ [ ][ ]
$20+6=$ [ ][ ]

⑦ $0+7=$ [ ][ ]
$30+7=$ [ ][ ]

⑧ $0+8=$ [ ][ ]
$30+8=$ [ ][ ]

⑨ $0+9=$ [ ][ ]
$30+9=$ [ ][ ]

⑩ $0+9=$ [ ][ ]
$40+9=$ [ ][ ]

⑪ $0+8=$ [ ][ ]
$40+8=$ [ ][ ]

⑫ $0+7=$ [ ][ ]
$40+7=$ [ ][ ]

⑬ $0+6=$ [ ][ ]
$50+6=$ [ ][ ]

⑭ $0+5=$ [ ][ ]
$50+5=$ [ ][ ]

⑮ $0+4=$ [ ][ ]
$50+4=$ [ ][ ]

⑯ $0+3=$ □□

$60+3=$ □□

⑰ $0+2=$ □□

$60+2=$ □□

⑱ $0+1=$ □□

$60+1=$ □□

⑲ $0+1=$ □□

$70+1=$ □□

⑳ $0+2=$ □□

$70+2=$ □□

㉑ $0+3=$ □□

$70+3=$ □□

㉒ $0+4=$ □□

$80+4=$ □□

㉓ $0+5=$ □□

$80+5=$ □□

㉔ $0+6=$ □□

$80+6=$ □□

㉕ $0+7=$ □□

$90+7=$ □□

㉖ $0+8=$ □□

$90+8=$ □□

㉗ $0+9=$ □□

$90+9=$ □□

㉘ $0+8=$ □□

$80+8=$ □□

㉙ $0+5=$ □□

$60+5=$ □□

㉚ $0+2=$ □□

$40+2=$ □□

덧셈의 원리

03 세로셈

일의 자리 수, 십의 자리 수를 자리에 맞추어 써.

● 덧셈을 해 보세요.

①

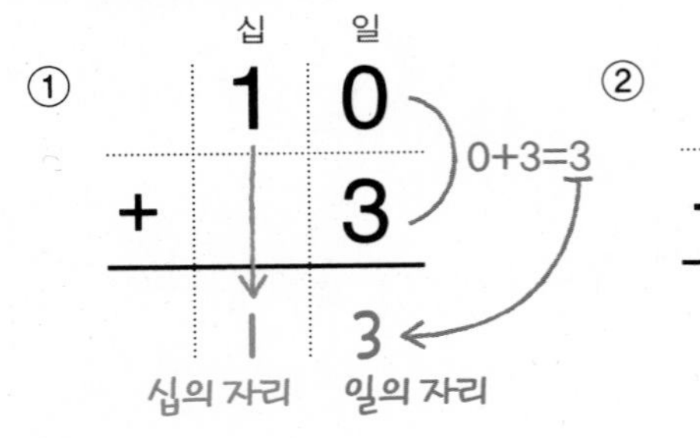

② $\begin{array}{r} 2\,0 \\ +\quad 4 \\ \hline \end{array}$

③ $\begin{array}{r} 3\,0 \\ +\quad 5 \\ \hline \end{array}$

④ $\begin{array}{r} 5\,0 \\ +\quad 3 \\ \hline \end{array}$

⑤ $\begin{array}{r} 8\,0 \\ +\quad 7 \\ \hline \end{array}$

⑥ $\begin{array}{r} 6\,0 \\ +\quad 4 \\ \hline \end{array}$

⑦ $\begin{array}{r} 3\,0 \\ +\quad 6 \\ \hline \end{array}$

⑧ $\begin{array}{r} 1\,0 \\ +\quad 9 \\ \hline \end{array}$

⑨ $\begin{array}{r} 9\,0 \\ +\quad 9 \\ \hline \end{array}$

⑩ $\begin{array}{r} 2\,0 \\ +\quad 7 \\ \hline \end{array}$

⑪ $\begin{array}{r} 4\,0 \\ +\quad 5 \\ \hline \end{array}$

⑫ $\begin{array}{r} 7\,0 \\ +\quad 8 \\ \hline \end{array}$

⑬ $\begin{array}{r} 5\,0 \\ +\quad 2 \\ \hline \end{array}$

⑭ $\begin{array}{r} 1\,0 \\ +\quad 6 \\ \hline \end{array}$

⑮ $\begin{array}{r} 8\,0 \\ +\quad 3 \\ \hline \end{array}$

⑯ $\begin{array}{r} 6\,0 \\ +\quad 1 \\ \hline \end{array}$

⑰ $\begin{array}{r} 3\,0 \\ +\quad 7 \\ \hline \end{array}$

⑱ $\begin{array}{r} 8\,0 \\ +\quad 9 \\ \hline \end{array}$

⑲ $\begin{array}{r} 9\,0 \\ +\quad 5 \\ \hline \end{array}$

⑳ $\begin{array}{r} 5\,0 \\ +\quad 4 \\ \hline \end{array}$

㉑ $5 + 20$

㉒ $7 + 40$

㉓ $3 + 90$

㉔ $3 + 40$

㉕ $9 + 20$

㉖ $8 + 80$

㉗ $2 + 60$

㉘ $4 + 30$

㉙ $9 + 40$

㉚ $4 + 10$

㉛ $9 + 70$

㉜ $6 + 30$

㉝ $6 + 20$

㉞ $7 + 10$

㉟ $1 + 10$

㊱ $8 + 50$

㊲ $2 + 20$

㊳ $3 + 70$

㊴ $9 + 30$

㊵ $7 + 90$

일의 자리 수, 십의 자리 수를 자리에 맞추어 써.

㊶ $\begin{array}{r} 50 \\ +\ \ 9 \\ \hline \end{array}$

㊷ $\begin{array}{r} 10 \\ +\ \ 5 \\ \hline \end{array}$

㊸ $\begin{array}{r} 80 \\ +\ \ 2 \\ \hline \end{array}$

㊹ $\begin{array}{r} 20 \\ +\ \ 3 \\ \hline \end{array}$

㊺ $\begin{array}{r} 70 \\ +\ \ 4 \\ \hline \end{array}$

㊻ $\begin{array}{r} 90 \\ +\ \ 8 \\ \hline \end{array}$

㊼ $\begin{array}{r} 20 \\ +\ \ 8 \\ \hline \end{array}$

㊽ $\begin{array}{r} 60 \\ +\ \ 7 \\ \hline \end{array}$

㊾ $\begin{array}{r} 1 \\ +\ 40 \\ \hline \end{array}$

㊿ $\begin{array}{r} 40 \\ +\ \ 2 \\ \hline \end{array}$

51 $\begin{array}{r} 2 \\ +\ 10 \\ \hline \end{array}$

52 $\begin{array}{r} 30 \\ +\ \ 2 \\ \hline \end{array}$

53 $\begin{array}{r} 3 \\ +\ 60 \\ \hline \end{array}$

54 $\begin{array}{r} 8 \\ +\ 30 \\ \hline \end{array}$

55 $\begin{array}{r} 5 \\ +\ 50 \\ \hline \end{array}$

56 $\begin{array}{r} 6 \\ +\ 70 \\ \hline \end{array}$

57 $\begin{array}{r} 1 \\ +\ 20 \\ \hline \end{array}$

58 $\begin{array}{r} 2 \\ +\ 90 \\ \hline \end{array}$

59 $\begin{array}{r} 6 \\ +\ 40 \\ \hline \end{array}$

60 $\begin{array}{r} 1 \\ +\ 90 \\ \hline \end{array}$

04 가로셈

멸십과 몇의 합은 몇십몇이야.

● 덧셈을 해 보세요.

① $10+2=$ 12

10과 2의 합은 12

② $50+3=$

③ $70+5=$

④ $60+7=$

⑤ $60+9=$

⑥ $70+1=$

⑦ $50+0=$

⑧ $20+8=$

⑨ $80+6=$

⑩ $10+5=$

⑪ $30+7=$

⑫ $40+1=$

⑬ $10+1=$

⑭ $90+6=$

$90+6=$ ~~906~~

보이는 대로 붙여 쓰지 말고 자릿값을 생각해서 써야 해.

⑮ $20+6=$

⑯ $90+7=$

⑰ $20+9=$

⑱ $90+4=$

⑲ $70+4=$

⑳ $40+5=$

㉑ $5+20=$

㉒ $9+10=$

㉓ $6+60=$

㉔ $6+70=$

㉕ $3+40=$

㉖ $2+40=$

㉗ $4+30=$

㉘ $3+70=$

㉙ $9+80=$

㉚ $5+60=$

㉛ $6+10=$

㉜ $3+60=$

㉝ $5+80=$

㉞ $2+70=$

㉟ $2+30=$

㊱ $2+50=$

㊲ $5+50=$

㊳ $7+20=$

㊴ $8+90=$

㊵ $3+90=$

㊶ $6+50=$

㊷ $90+5=$

㊸ $60+1=$

㊹ $90+2=$

㊺ $70+7=$

㊻ $20+4=$

㊼ $50+7=$

㊽ $80+8=$

㊾ $10+7=$

㊿ $20+2=$

51 $30+5=$

52 $1+90=$

53 $8+70=$

54 $4+10=$

55 $2+60=$

56 $3+80=$

57 $9+50=$

58 $3+20=$

59 $3+30=$

60 $6+40=$

61 $8+40=$

62 $9+30=$

더해지는 수에 따라 답이 어떻게 달라지는지 살펴봐.

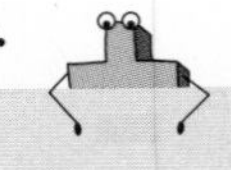

05 꼭대기에 있는 수 더하기

● 꼭대기에 있는 수를 더하여 오른쪽 빈칸에 알맞은 수를 써넣으세요.

①

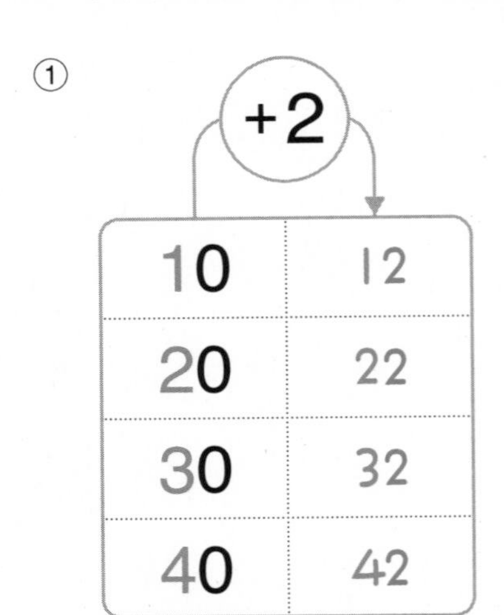

몇십이 달라지면 답의 십의 자리 수가 달라져요.

② +8

30	
40	
50	
60	

③ +6

10	
30	
50	
70	

④ +3

40	
50	
60	
70	

⑤ +5

60	
70	
80	
90	

⑥ +9

80	
70	
60	
50	

⑦ +7

40	
30	
20	
10	

⑧ +4

70	
60	
50	
40	

⑨

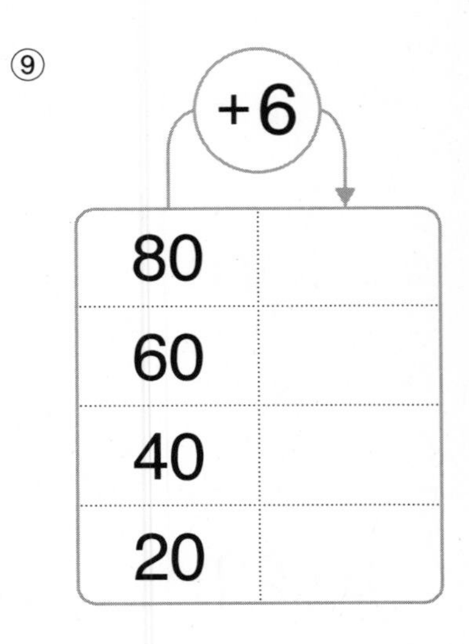

⑩

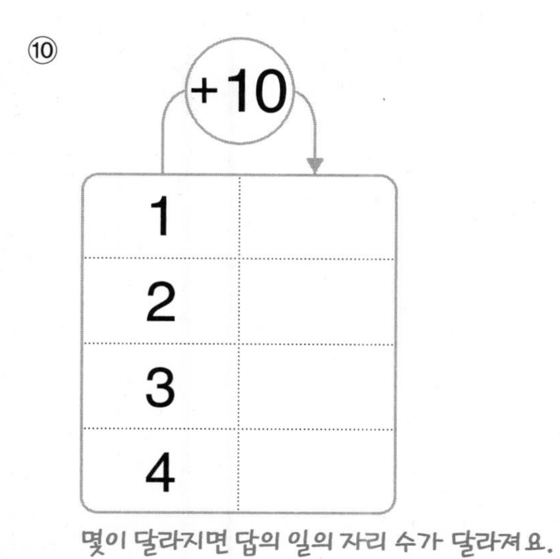

몇이 달라지면 답의 일의 자리 수가 달라져요.

⑪

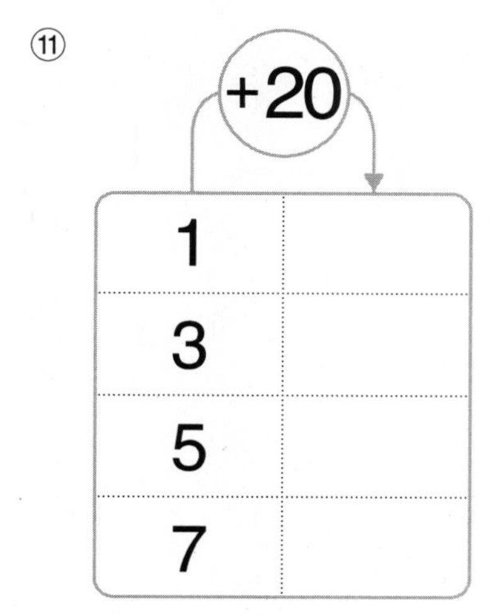

⑫ +30

2	
4	
6	
8	

⑬

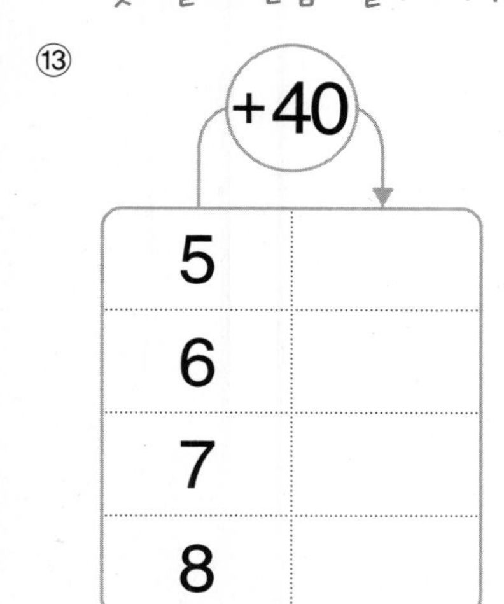

⑭

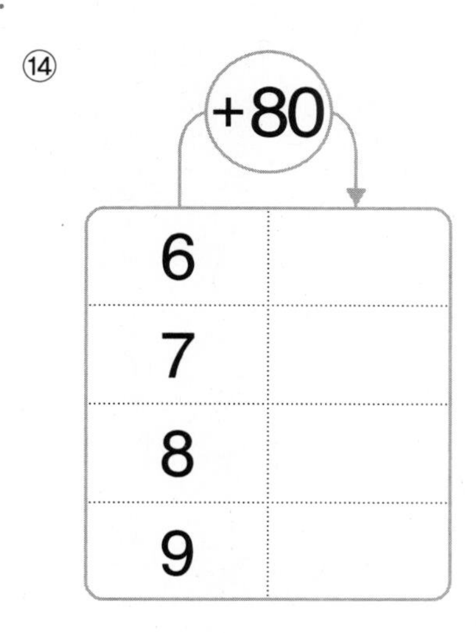

⑮ +60

4	
3	
2	
1	

⑯ +50

7	
5	
3	
1	

⑰

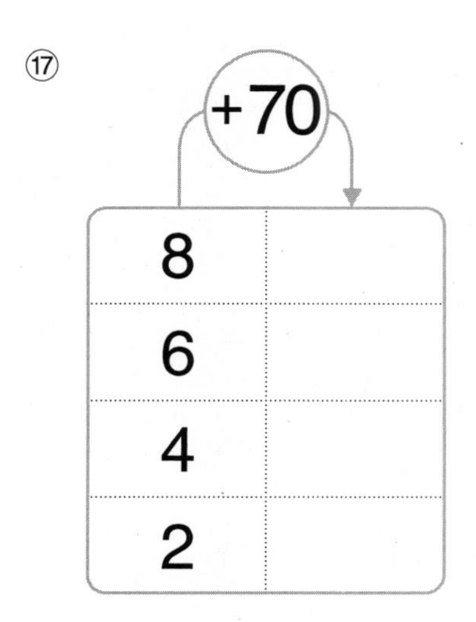

⑱

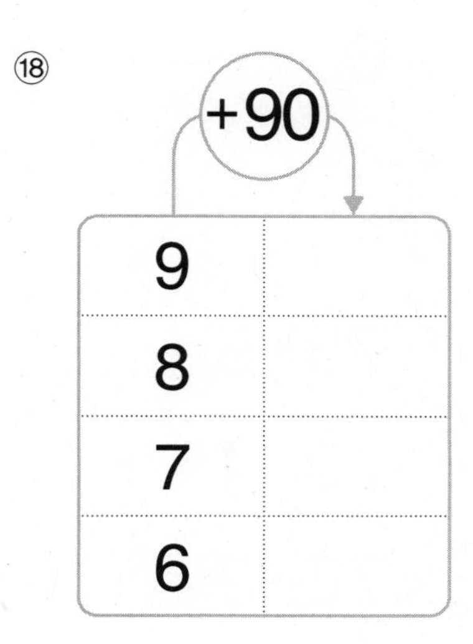

더하는 수에 따라 답이 어떻게 달라지는지 살펴봐!

06 여러 가지 수 더하기

● 덧셈을 해 보세요.

① $30+2=32$

$30+3=33$

$30+4=34$

몇이 달라지면 답의 일의 자리 수가 달라져요.

② $10+5=$

$10+6=$

$10+7=$

③ $50+1=$

$50+2=$

$50+3=$

④ $90+4=$

$90+6=$

$90+8=$

⑤ $70+6=$

$70+7=$

$70+8=$

⑥ $40+2=$

$40+3=$

$40+4=$

⑦ $60+9=$

$60+8=$

$60+7=$

⑧ $80+7=$

$80+6=$

$80+5=$

⑨ $20+8=$

$20+7=$

$20+6=$

⑩ $70+5=$

$70+4=$

$70+3=$

⑪ $30+9=$

$30+7=$

$30+5=$

⑫ $50+7=$

$50+6=$

$50+5=$

⑬ $4+50=$

$4+60=$

$4+70=$

몇십이 달라지면 답의 십의 자리 수가 달라져요.

⑭ $6+30=$

$6+40=$

$6+50=$

⑮ $2+10=$

$2+30=$

$2+50=$

⑯ $1+70=$

$1+80=$

$1+90=$

⑰ $7+40=$

$7+50=$

$7+60=$

⑱ $9+60=$

$9+70=$

$9+80=$

⑲ $5+40=$

$5+30=$

$5+20=$

⑳ $3+80=$

$3+60=$

$3+40=$

㉑ $8+50=$

$8+40=$

$8+30=$

㉒ $6+90=$

$6+80=$

$6+70=$

㉓ $1+40=$

$1+30=$

$1+20=$

㉔ $2+70=$

$2+60=$

$2+50=$

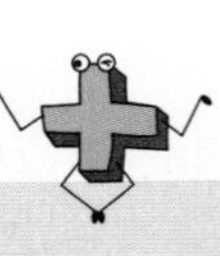

덧셈의 감각

07 내가 만드는 덧셈식

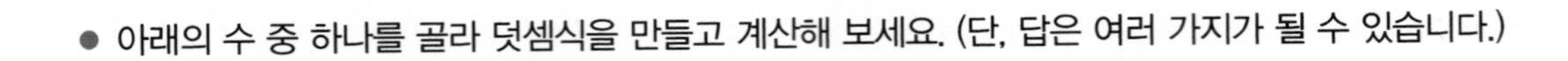

● 아래의 수 중 하나를 골라 덧셈식을 만들고 계산해 보세요. (단, 답은 여러 가지가 될 수 있습니다.)

0	1	2	3	4	5	6	7	8	9

① 20 + [예 6] = [2][6]

❶ 6을 골랐어요. ❷ 20과 6의 합은 26이에요.

② [ ] + 50 = [ ][ ]

③ 70 + [ ] = [ ][ ]

④ [ ] + 90 = [ ][ ]

⑤ 40 + [ ] = [ ][ ]

⑥ [ ] + 10 = [ ][ ]

⑦ 80 + [ ] = [ ][ ]

⑧ [ ] + 30 = [ ][ ]

⑨ 40 + [ ] = [ ][ ]

⑩ [ ] + 10 = [ ][ ]

⑪ 20 + [ ] = [ ][ ]

⑫ [ ] + 70 = [ ][ ]

⑬ 80 + [ ] = [ ][ ]

⑭ [ ] + 60 = [ ][ ]

몇십몇은 몇십과 몇의 합으로 나타낼 수 있어.

08 수를 덧셈식으로 나타내기

● 수를 두 가지 덧셈식으로 나타내 보세요.

① 42는 40과 2의 합

42 = [4][0] + [2]

42 = [2] + [4][0]

42는 2와 40의 합

② 17 = [ ][0] + [ ]

17 = [ ] + [ ][0]

③ 36 = [ ][0] + [ ]

36 = [ ] + [ ][0]

④ 74 = [ ][0] + [ ]

74 = [ ] + [ ][0]

⑤ 59 = [ ][0] + [ ]

59 = [ ] + [ ][0]

⑥ 45 = [ ][0] + [ ]

45 = [ ] + [ ][0]

⑦ 93 = [ ][0] + [ ]

93 = [ ] + [ ][0]

⑧ 21 = [ ][0] + [ ]

21 = [ ] + [ ][0]

⑨ 62 = [ ][0] + [ ]

62 = [ ] + [ ][0]

⑩ 89 = [ ][0] + [ ]

89 = [ ] + [ ][0]

6 받아올림, 받아내림이 없는 (몇십몇)±(몇)

같은 자리의 수끼리 더하고 빼 보자.

● 25 + 3

● 25 - 3

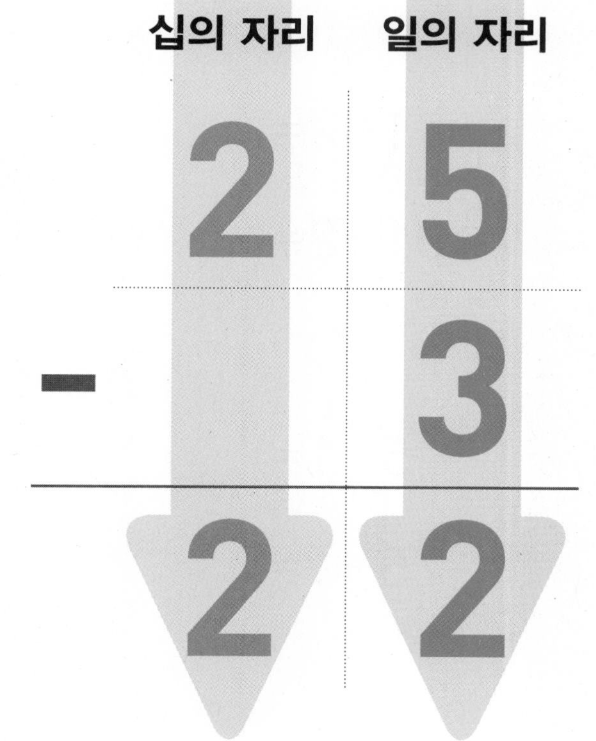

십의 자리 수는
그대로
내려 씁니다.

일의 자리 수는
일의 자리에서
계산해야 합니다.

두 식이 어떻게 다른지 비교해 봐.

01 단계에 따라 덧셈하기

● 덧셈을 해 보세요.

① $2+5=$ [ ][7] (일의 자리)
$12+5=$ [1][7] (십의 자리)

② $3+4=$ [ ][ ]
$13+4=$ [ ][ ]

③ $7+1=$ [ ][ ]
$27+1=$ [ ][ ]

④ $5+2=$ [ ][ ]
$75+2=$ [ ][ ]

⑤ $4+2=$ [ ][ ]
$44+2=$ [ ][ ]

⑥ $1+8=$ [ ][ ]
$81+8=$ [ ][ ]

⑦ $3+3=$ [ ][ ]
$33+3=$ [ ][ ]

⑧ $1+2=$ [ ][ ]
$91+2=$ [ ][ ]

⑨ $2+3=$ [ ][ ]
$82+3=$ [ ][ ]

⑩ $4+5=$ [ ][ ]
$24+5=$ [ ][ ]

⑪ $5+1=$ [ ][ ]
$75+1=$ [ ][ ]

⑫ $2+2=$ [ ][ ]
$62+2=$ [ ][ ]

⑬ $8+1=$ [ ][ ]
$48+1=$ [ ][ ]

⑭ $1+7=$ [ ][ ]
$51+7=$ [ ][ ]

⑮ $6+2=$ [ ][ ]
$26+2=$ [ ][ ]

십의 자리, 일의 자리가 정해져 있단다.

02 세로셈으로 더하기

● 덧셈을 해 보세요.

① 14 + 3 (4+3=7) → 십의 자리: 1, 일의 자리: 7

② 22 + 4

③ 34 + 5

④ 13 + 1

⑤ 42 + 7

⑥ 56 + 3

⑦ 71 + 4

⑧ 92 + 6

⑨ 63 + 3

⑩ 71 + 1

⑪ 83 + 2

⑫ 29 + 0

⑬ 63 + 5

⑭ 17 + 2

⑮ 62 + 2

⑯ 36 + 3

⑰ 91 + 7

⑱ 53 + 2

십의 자리

일의 자리

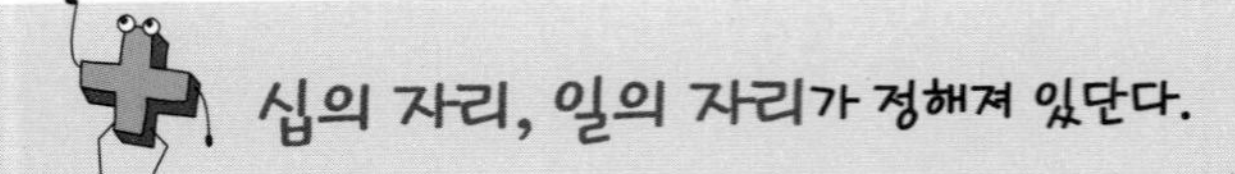

⑲ $\begin{array}{r} 15 \\ +\ \ 4 \\ \hline \end{array}$

⑳ $\begin{array}{r} 42 \\ +\ \ 6 \\ \hline \end{array}$

㉑ $\begin{array}{r} 84 \\ +\ \ 3 \\ \hline \end{array}$

㉒ $\begin{array}{r} 31 \\ +\ \ 8 \\ \hline \end{array}$

㉓ $\begin{array}{r} 76 \\ +\ \ 2 \\ \hline \end{array}$

㉔ $\begin{array}{r} 23 \\ +\ \ 6 \\ \hline \end{array}$

㉕ $\begin{array}{r} 68 \\ +\ \ 1 \\ \hline \end{array}$

㉖ $\begin{array}{r} 95 \\ +\ \ 2 \\ \hline \end{array}$

㉗ $\begin{array}{r} 37 \\ +\ \ 2 \\ \hline \end{array}$

㉘ $\begin{array}{r} 16 \\ +\ \ 1 \\ \hline \end{array}$

㉙ $\begin{array}{r} 26 \\ +\ \ 3 \\ \hline \end{array}$

㉚ $\begin{array}{r} 54 \\ +\ \ 4 \\ \hline \end{array}$

㉛ $\begin{array}{r} 6 \\ +\ 41 \\ \hline \end{array}$

㉜ $\begin{array}{r} 5 \\ +\ 83 \\ \hline \end{array}$

㉝ $\begin{array}{r} 2 \\ +\ 16 \\ \hline \end{array}$

㉞ $\begin{array}{r} 7 \\ +\ 32 \\ \hline \end{array}$

㉟ $\begin{array}{r} 4 \\ +\ 75 \\ \hline \end{array}$

㊱ $\begin{array}{r} 3 \\ +\ 25 \\ \hline \end{array}$

㊲ $\begin{array}{r} 1 \\ +\ 92 \\ \hline \end{array}$

㊳ $\begin{array}{r} 8 \\ +\ 51 \\ \hline \end{array}$

㊴ $\begin{array}{r} 7 \\ +\ 31 \\ \hline \end{array}$

㊵ $\begin{array}{r} 2 \\ +\ 72 \\ \hline \end{array}$

㊶ $\begin{array}{r} 1 \\ +\ 58 \\ \hline \end{array}$

㊷ $\begin{array}{r} 6 \\ +\ 82 \\ \hline \end{array}$

㊸ $\begin{array}{r} 4 \\ +\ 22 \\ \hline \end{array}$

㊹ $\begin{array}{r} 5 \\ +\ 54 \\ \hline \end{array}$

㊺ $\begin{array}{r} 2 \\ +\ 75 \\ \hline \end{array}$

㊻ $\begin{array}{r} 6 \\ +\ 23 \\ \hline \end{array}$

㊼ $\begin{array}{r} 2 \\ +\ 63 \\ \hline \end{array}$

㊽ $\begin{array}{r} 6 \\ +\ 92 \\ \hline \end{array}$

㊾ $\begin{array}{r} 5 \\ +\ 24 \\ \hline \end{array}$

㊿ $\begin{array}{r} 7 \\ +\ 42 \\ \hline \end{array}$

51 $\begin{array}{r} 3 \\ +\ 35 \\ \hline \end{array}$

52 $\begin{array}{r} 1 \\ +\ 83 \\ \hline \end{array}$

53 $\begin{array}{r} 4 \\ +\ 51 \\ \hline \end{array}$

54 $\begin{array}{r} 2 \\ +\ 15 \\ \hline \end{array}$

55 $\begin{array}{r} 5 \\ +\ 62 \\ \hline \end{array}$

56 $\begin{array}{r} 2 \\ +\ 47 \\ \hline \end{array}$

57 $\begin{array}{r} 6 \\ +\ 93 \\ \hline \end{array}$

58 $\begin{array}{r} 3 \\ +\ 74 \\ \hline \end{array}$

같은 자리 수끼리만 더할 수 있어.

03 가로셈으로 더하기

● 덧셈을 해 보세요.

① 15+4=19

일의 자리 수끼리 더해요.

② 32+5=

③ 92+6=

④ 94+4=

⑤ 82+5=

⑥ 41+8=

⑦ 51+5=

⑧ 32+4=

⑨ 18+1=

⑩ 82+6=

⑪ 52+3=

⑫ 31+8=

⑬ 13+1=

⑭ 32+7=

⑮ 54+3=

⑯ 53+1=

⑰ 41+7=

⑱ 31+3=

⑲ 84+5=

⑳ 16+3=

㉑ 83+2=

㉒ $45+3=$

㉓ $28+1=$

㉔ $52+6=$

㉕ $73+2=$

㉖ $15+2=$

㉗ $86+3=$

㉘ $31+4=$

㉙ $64+3=$

㉚ $92+5=$

㉛ $47+1=$

㉜ $54+2=$

㉝ $26+3=$

㉞ $4+83=$

㉟ $1+75=$

㊱ $5+34=$

㊲ $6+21=$

㊳ $3+53=$

㊴ $7+42=$

㊵ $8+61=$

㊶ $2+45=$

㊷ $4+34=$

㊸ $3+63=$

㊹ $7+71=$

㊺ $6+53=$

㊻ $1+47=$

㊼ $0+29=$

㊽ $4+24=$

㊾ $6+51=$

㊿ $3+24=$

51 $3+34=$

52 $4+93=$

53 $7+91=$

54 $5+73=$

55 $1+51=$

56 $1+46=$

57 $4+42=$

58 $2+32=$

59 $3+91=$

60 $6+61=$

61 $2+84=$

62 $6+92=$

63 $7+52=$

두 식이 어떻게 다른지 비교해 봐.

04 단계에 따라 뺄셈하기

● 뺄셈을 해 보세요.

① 8−2= [ ][6] (일의 자리)
18−2= [1][6] (십의 자리)

② 6−2= [ ][ ]
16−2= [ ][ ]

③ 5−4= [ ][ ]
25−4= [ ][ ]

④ 4−1= [ ][ ]
64−1= [ ][ ]

⑤ 3−3= [ ][ ]
73−3= [ ][ ]

⑥ 5−1= [ ][ ]
55−1= [ ][ ]

⑦ 4−1= [ ][ ]
44−1= [ ][ ]

⑧ 5−3= [ ][ ]
15−3= [ ][ ]

⑨ 6−3= [ ][ ]
86−3= [ ][ ]

⑩ 4−4= [ ][ ]
64−4= [ ][ ]

⑪ 7−5= [ ][ ]
27−5= [ ][ ]

⑫ 8−1= [ ][ ]
38−1= [ ][ ]

⑬ 6−2= [ ][ ]
26−2= [ ][ ]

⑭ 7−2= [ ][ ]
97−2= [ ][ ]

⑮ 7−1= [ ][ ]
57−1= [ ][ ]

05 세로셈으로 빼기

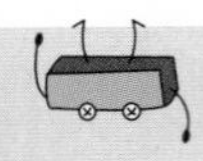

일의 자리 수끼리 뺀 값은 일의 자리에,
십의 자리 수는 십의 자리에!

● 뺄셈을 해 보세요.

①
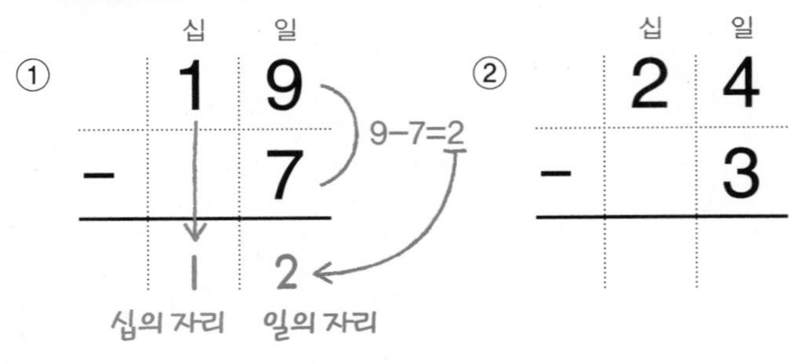

② (십 일) $24 - 3$

③ (십 일) $38 - 4$

④ (십 일) $45 - 2$

⑤ $98 - 7$

⑥ $76 - 2$

⑦ $29 - 3$

⑧ $64 - 2$

⑨ $77 - 7$

⑩ $93 - 1$

⑪ $36 - 4$

⑫ $56 - 1$

⑬ $53 - 0$

⑭ $83 - 2$

⑮ $78 - 1$

⑯ $11 - 1$

⑰ $65 - 4$

⑱ $48 - 6$

⑲ $23 - 3$

⑳ $89 - 5$

㉑ 67 − 7

㉒ 12 − 1

㉓ 79 − 7

㉔ 37 − 2

㉕ 77 − 5

㉖ 55 − 4

㉗ 49 − 2

㉘ 17 − 6

㉙ 26 − 4

㉚ 58 − 7

㉛ 27 − 1

㉜ 99 − 8

㉝ 35 − 2

㉞ 98 − 5

㉟ 68 − 6

㊱ 86 − 3

㊲ 47 − 5

㊳ 14 − 1

㊴ 59 − 8

㊵ 74 − 4

일의 자리 수끼리 뺀 값은 일의 자리에,
십의 자리 수는 십의 자리에!

㊶ $\begin{array}{r} 75 \\ -\ \ 2 \\ \hline \end{array}$

㊷ $\begin{array}{r} 28 \\ -\ \ 3 \\ \hline \end{array}$

㊸ $\begin{array}{r} 36 \\ -\ \ 1 \\ \hline \end{array}$

㊹ $\begin{array}{r} 54 \\ -\ \ 3 \\ \hline \end{array}$

㊺ $\begin{array}{r} 69 \\ -\ \ 4 \\ \hline \end{array}$

㊻ $\begin{array}{r} 43 \\ -\ \ 2 \\ \hline \end{array}$

㊼ $\begin{array}{r} 17 \\ -\ \ 5 \\ \hline \end{array}$

㊽ $\begin{array}{r} 88 \\ -\ \ 7 \\ \hline \end{array}$

㊾ $\begin{array}{r} 51 \\ -\ \ 1 \\ \hline \end{array}$

㊿ $\begin{array}{r} 75 \\ -\ \ 4 \\ \hline \end{array}$

51 $\begin{array}{r} 26 \\ -\ \ 3 \\ \hline \end{array}$

52 $\begin{array}{r} 39 \\ -\ \ 7 \\ \hline \end{array}$

53 $\begin{array}{r} 47 \\ -\ \ 2 \\ \hline \end{array}$

54 $\begin{array}{r} 84 \\ -\ \ 2 \\ \hline \end{array}$

55 $\begin{array}{r} 95 \\ -\ \ 1 \\ \hline \end{array}$

56 $\begin{array}{r} 19 \\ -\ \ 3 \\ \hline \end{array}$

57 $\begin{array}{r} 64 \\ -\ \ 3 \\ \hline \end{array}$

58 $\begin{array}{r} 25 \\ -\ \ 5 \\ \hline \end{array}$

59 $\begin{array}{r} 39 \\ -\ \ 4 \\ \hline \end{array}$

60 $\begin{array}{r} 68 \\ -\ \ 4 \\ \hline \end{array}$

같은 자리 수끼리만 뺄 수 있어.

06 가로셈으로 빼기

● 뺄셈을 해 보세요.

① 15 − 4 = 11

일의 자리 수끼리 빼요.

② 28 − 4 =

③ 43 − 2 =

④ 67 − 5 =

⑤ 28 − 8 =

⑥ 59 − 1 =

⑦ 24 − 1 =

⑧ 56 − 2 =

⑨ 79 − 9 =

⑩ 83 − 2 =

⑪ 47 − 2 =

⑫ 89 − 2 =

⑬ 52 − 2 =

⑭ 77 − 1 =

⑮ 67 − 2 =

⑯ 94 − 4 =

⑰ 85 − 3 =

⑱ 18 − 7 =

⑲ 55 − 3 =

⑳ 47 − 6 =

㉑ 76 − 3 =

같은 자리 수끼리만 뺄 수 있어.

㉒ $36-1=$

㉓ $76-4=$

㉔ $47-3=$

㉕ $88-8=$

㉖ $66-5=$

㉗ $58-1=$

㉘ $36-3=$

㉙ $37-4=$

㉚ $14-3=$

㉛ $15-2=$

㉜ $58-8=$

㉝ $95-1=$

㉞ $94-3=$

㉟ $46-3=$

㊱ $78-1=$

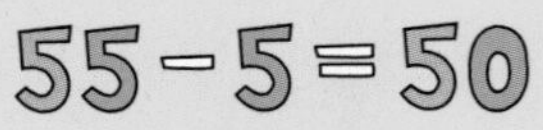

십의 자리 수와 일의 자리 수는 가는 길이 달라!

㊲ $97-4=$

㊳ $57-2=$

㊴ $95-5=$

㊵ $74-2=$

㊶ $49-5=$

㊷ $63-3=$

㊸ $27-5=$

㊹ $78-6=$

㊺ $82-1=$

㊻ $96-4=$

㊼ $37-3=$

㊽ $18-5=$

㊾ $58-2=$

㊿ $69-2=$

(51) $73-1=$

(52) $26-5=$

(53) $47-6=$

(54) $59-6=$

(55) $84-2=$

(56) $79-8=$

(57) $95-3=$

(58) $68-6=$

(59) $33-3=$

(60) $57-4=$

(61) $16-4=$

더하거나 빼는 수의 크기에 따라 답이 어떻게 달라지는지 살펴봐!

07 여러 가지 수를 더하거나 빼기

● 계산을 해 보세요.

① 16 + 1 = 17

16 + 2 = 18

16 + 3 = 19

더하는 수가 커지면 답도 커져요.

② 87 + 0 =

87 + 1 =

87 + 2 =

③ 22 + 3 =

22 + 4 =

22 + 5 =

④ 45 + 0 =

45 + 2 =

45 + 4 =

⑤ 51 + 3 =

51 + 5 =

51 + 7 =

⑥ 60 + 4 =

60 + 6 =

60 + 8 =

⑦ 25 + 4 =

25 + 3 =

25 + 2 =

⑧ 84 + 2 =

84 + 1 =

84 + 0 =

⑨ 73 + 3 =

73 + 2 =

73 + 1 =

⑩ 52 + 6 =

52 + 4 =

52 + 2 =

⑪ 31 + 5 =

31 + 3 =

31 + 1 =

⑫ 90 + 9 =

90 + 7 =

90 + 5 =

⑬ 27－4＝

27－5＝

27－6＝

빼는 수가 커지면
답은 어떻게 될까요?

⑭ 54－1＝

54－2＝

54－3＝

⑮ 69－6＝

69－7＝

69－8＝

⑯ 47－3＝

47－5＝

47－7＝

⑰ 98－4＝

98－6＝

98－8＝

⑱ 36－1＝

36－3＝

36－5＝

⑲ 78－7＝

78－6＝

78－5＝

⑳ 34－2＝

34－1＝

34－0＝

㉑ 19－4＝

19－3＝

19－2＝

㉒ 67－6＝

67－4＝

67－2＝

㉓ 29－9＝

29－7＝

29－5＝

㉔ 88－4＝

88－2＝

88－0＝

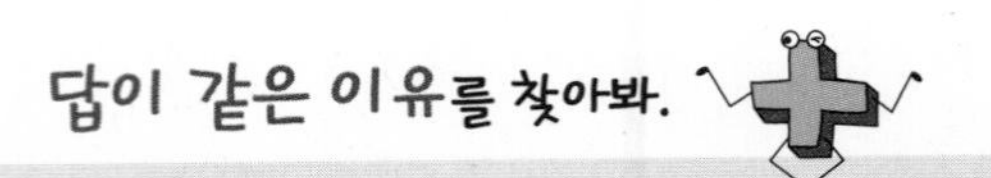

08 다르면서 같은 계산

● 계산을 해 보세요.

① $60+9=$ 69
$61+8=$ 69
$62+7=$ 69
커지는 만큼 작아져요.

② $13+6=$
$14+5=$
$15+4=$

③ $36+3=$
$37+2=$
$38+1=$

④ $21+5=$
$23+3=$
$25+1=$

⑤ $10+6=$
$12+4=$
$14+2=$

⑥ $54+4=$
$56+2=$
$58+0=$

⑦ $47+2=$
$46+3=$
$45+4=$

⑧ $54+3=$
$53+4=$
$52+5=$

⑨ $42+6=$
$41+7=$
$40+\square=48$

⑩ $35+2=$
$33+4=$
$31+6=$

⑪ $28+1=$
$26+3=$
$24+5=$

⑫ $75+3=$
$73+5=$
$71+7=$

⑬ 44 − 3 =

45 − 4 =

46 − 5 =

커지는 만큼 커져요.

⑭ 86 − 2 =

87 − 3 =

88 − 4 =

⑮ 23 − 1 =

24 − 2 =

25 − 3 =

⑯ 15 − 2 =

17 − 4 =

19 − 6 =

⑰ 61 − 1 =

63 − 3 =

65 − 5 =

⑱ 74 − 0 =

76 − 2 =

78 − 4 =

⑲ 38 − 4 =

37 − 3 =

36 − 2 =

⑳ 59 − 4 =

58 − 3 =

57 − 2 =

㉑ 96 − 5 =

95 − 4 =

94 − □ = 91

㉒ 77 − 5 =

75 − 3 =

73 − 1 =

㉓ 29 − 8 =

27 − 6 =

25 − 4 =

㉔ 58 − 4 =

56 − 2 =

54 − 0 =

처음 수보다 커졌으면 +, 작아졌으면 −겠지?

09 +, − 기호 넣기

● ▢ 안에 +, −를 알맞게 써 보세요.

① 35 [+] 2=37 35에서 37로 커졌어요.

35 [−] 2=33 35에서 33으로 작아졌어요.

② 25 ▢ 1=26

25 ▢ 1=24

③ 48 ▢ 1=47

48 ▢ 1=49

④ 52 ▢ 2=54

52 ▢ 2=50

⑤ 44 ▢ 2=46

44 ▢ 2=42

⑥ 93 ▢ 3=96

93 ▢ 3=90

⑦ 13 ▢ 1=12

13 ▢ 1=14

⑧ 26 ▢ 3=29

26 ▢ 3=23

⑨ 97 ▢ 1=96

97 ▢ 1=98

⑩ 25 ▢ 2=23

25 ▢ 2=27

=의 왼쪽에 있는 수를 합 또는 차로 생각해 봐.

10 수를 식으로 나타내기

● 수를 덧셈식이나 뺄셈식으로 나타내 보세요.

①
$26=20+$ [6] 20에 6을 더해야 26이 돼요.
$26=23+$ [3] 23에 3을 더해야 26이 돼요.
$26=28-$ [2] 28에서 2를 빼야 26이 돼요.

②
$77=70+$ [ ] 70에 몇을 더해야 77이 될까요?
$77=72+$ [ ] 72에 몇을 더해야 77이 될까요?
$77=78-$ [ ] 78에서 몇을 빼야 77이 될까요?

③
$69=60+$ [ ]
$69=65+$ [ ]
$69=69-$ [ ]

④
$38=30+$ [ ]
$38=35+$ [ ]
$38=39-$ [ ]

⑤
$54=53+$ [ ]
$54=54-$ [ ]
$54=55-$ [ ]

⑥
$43=41+$ [ ]
$43=45-$ [ ]
$43=49-$ [ ]

⑦
$21=20+$ [ ]
$21=23-$ [ ]
$21=25-$ [ ]

⑧
$86=81+$ [ ]
$86=87-$ [ ]
$86=89-$ [ ]

7 받아올림, 받아내림이 없는 (몇십몇)±(몇십몇)

일의 자리 수끼리, 십의 자리 수끼리 더하고 빼 보자.

- 25 + 12

$$\begin{array}{r} 25 \\ +\ 12 \\ \hline 37 \end{array}$$

십의 자리 **일의 자리**

- 25 - 12

$$\begin{array}{r} 25 \\ -\ 12 \\ \hline 13 \end{array}$$

십의 자리 수는
십의 자리에서
계산해야 합니다.

일의 자리 수는
일의 자리에서
계산해야 합니다.

01 세로셈으로 더하기

일의 자리끼리, 십의 자리끼리 더해!

● 덧셈을 해 보세요.

①
	십	일
	1	0
+	3	0
	4	0

십의 자리 계산 10+30=40 일의 자리 계산 0+0=0

②
	십	일
	2	0
+	2	0

③
	십	일
	4	0
+	1	0

④
	십	일
	3	0
+	5	0

⑤ $70 + 10 =$

⑥ $30 + 30 =$

⑦ $40 + 30 =$

⑧ $10 + 60 =$

⑨ $40 + 20 =$

⑩ $60 + 10 =$

⑪ $40 + 50 =$

⑫ $30 + 20 =$

⑬ $60 + 30 =$

⑭ $40 + 40 =$

⑮ $20 + 60 =$

⑯ $10 + 20 =$

⑰ $10 + 10 =$

⑱ $70 + 20 =$

⑲ $50 + 10 =$

⑳ $20 + 50 =$

㉑ $\begin{array}{r} 2\,0 \\ +\,5\,3 \\ \hline \end{array}$

㉒ $\begin{array}{r} 8\,0 \\ +\,1\,6 \\ \hline \end{array}$

㉓ $\begin{array}{r} 4\,0 \\ +\,3\,5 \\ \hline \end{array}$

㉔ $\begin{array}{r} 6\,0 \\ +\,2\,7 \\ \hline \end{array}$

㉕ $\begin{array}{r} 5\,0 \\ +\,3\,2 \\ \hline \end{array}$

㉖ $\begin{array}{r} 3\,0 \\ +\,2\,9 \\ \hline \end{array}$

㉗ $\begin{array}{r} 7\,0 \\ +\,2\,1 \\ \hline \end{array}$

㉘ $\begin{array}{r} 1\,0 \\ +\,1\,2 \\ \hline \end{array}$

㉙ $\begin{array}{r} 4\,0 \\ +\,1\,3 \\ \hline \end{array}$

㉚ $\begin{array}{r} 5\,0 \\ +\,2\,4 \\ \hline \end{array}$

㉛ $\begin{array}{r} 1\,5 \\ +\,8\,0 \\ \hline \end{array}$

㉜ $\begin{array}{r} 2\,7 \\ +\,6\,0 \\ \hline \end{array}$

㉝ $\begin{array}{r} 2\,9 \\ +\,7\,0 \\ \hline \end{array}$

㉞ $\begin{array}{r} 3\,6 \\ +\,4\,0 \\ \hline \end{array}$

㉟ $\begin{array}{r} 2\,5 \\ +\,3\,0 \\ \hline \end{array}$

㊱ $\begin{array}{r} 5\,2 \\ +\,1\,0 \\ \hline \end{array}$

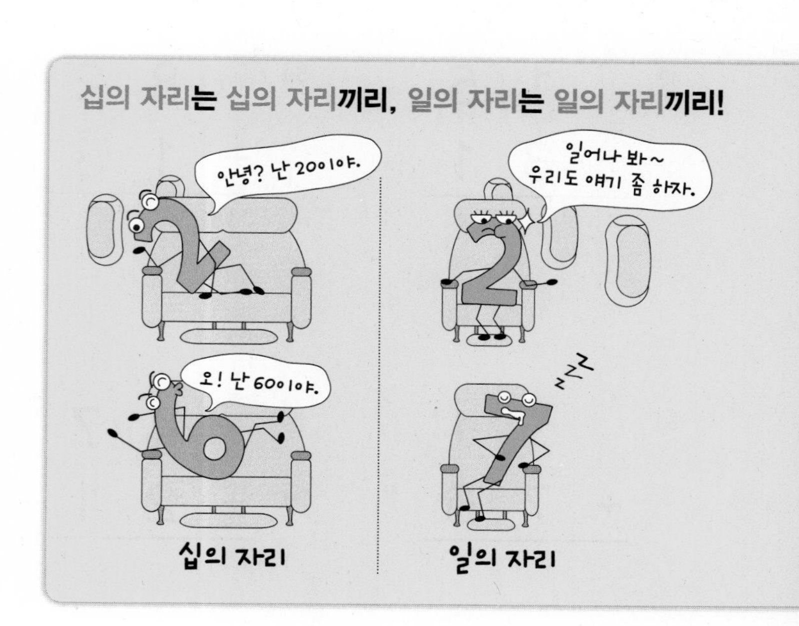

일의 자리끼리, 십의 자리끼리 더해!

㊲ $\begin{array}{r} 19 \\ +\ 60 \\ \hline \end{array}$

㊳ $\begin{array}{r} 14 \\ +\ 50 \\ \hline \end{array}$

㊴ $\begin{array}{r} 75 \\ +\ 20 \\ \hline \end{array}$

㊵ $\begin{array}{r} 33 \\ +\ 50 \\ \hline \end{array}$

㊶ $\begin{array}{r} 22 \\ +\ 15 \\ \hline \end{array}$

㊷ $\begin{array}{r} 13 \\ +\ 34 \\ \hline \end{array}$

㊸ $\begin{array}{r} 31 \\ +\ 27 \\ \hline \end{array}$

㊹ $\begin{array}{r} 42 \\ +\ 53 \\ \hline \end{array}$

㊺ $\begin{array}{r} 43 \\ +\ 26 \\ \hline \end{array}$

㊻ $\begin{array}{r} 44 \\ +\ 22 \\ \hline \end{array}$

㊼ $\begin{array}{r} 81 \\ +\ 18 \\ \hline \end{array}$

㊽ $\begin{array}{r} 64 \\ +\ 25 \\ \hline \end{array}$

㊾ $\begin{array}{r} 15 \\ +\ 31 \\ \hline \end{array}$

㊿ $\begin{array}{r} 82 \\ +\ 13 \\ \hline \end{array}$

(51) $\begin{array}{r} 32 \\ +\ 46 \\ \hline \end{array}$

(52) $\begin{array}{r} 33 \\ +\ 51 \\ \hline \end{array}$

(53) $\begin{array}{r} 11 \\ +\ 76 \\ \hline \end{array}$

(54) $\begin{array}{r} 47 \\ +\ 21 \\ \hline \end{array}$

(55) $\begin{array}{r} 14 \\ +\ 81 \\ \hline \end{array}$

(56) $\begin{array}{r} 22 \\ +\ 41 \\ \hline \end{array}$

02 가로셈으로 더하기

같은 자리 수끼리만 더할 수 있어.

● 덧셈을 해 보세요.

① $50+40=$ 90

50+40=90

② $60+30=$

③ $30+20=$

④ $30+50=$

⑤ $10+10=$

⑥ $10+20=$

⑦ $40+30=$

⑧ $10+70=$

⑨ $50+10=$

⑩ $20+20=$

⑪ $40+50=$

⑫ $60+20=$

⑬ $30+30=$

⑭ $70+10=$

⑮ $20+40=$

⑯ $30+10=$

⑰ $50+20=$

⑱ $40+10=$

⑲ $80+10=$

⑳ $20+70=$

㉑ $40+40=$

㉒ $20+73=$

㉓ $40+31=$

㉔ $20+43=$

㉕ $80+12=$

㉖ $60+18=$

㉗ $30+37=$

㉘ $10+46=$

㉙ $50+26=$

㉚ $40+39=$

㉛ $30+52=$

㉜ $70+15=$

㉝ $27+60=$

㉞ $14+80=$

㉟ $32+50=$

㊱ $45+30=$

㊲ $23+40=$

㊳ $46+20=$

㊴ $29+70=$

㊵ $31+10=$

㊶ $14+60=$

㊷ $82+10=$

㊸ $13+21=$

㊹ $42+27=$

㊺ $56+33=$

㊻ $24+24=$

㊼ $35+41=$

㊽ $32+42=$

㊾ $61+16=$

㊿ $47+31=$

51 $63+33=$

52 $62+22=$

53 $71+21=$

54 $43+16=$

55 $52+27=$

56 $63+23=$

57 $24+43=$

58 $31+17=$

59 $51+31=$

60 $25+32=$

61 $42+44=$

62 $17+52=$

63 $82+12=$

03 세로셈으로 빼기

일의 자리끼리, 십의 자리끼리 빼!

● 뺄셈을 해 보세요.

①
	십	일
	5	0
-	1	0
	4	0

십의 자리 계산 50−10=40 일의 자리 계산 0−0=0

②
	십	일
	6	0
-	4	0

③
	십	일
	6	0
-	1	0

④
	십	일
	8	0
-	7	0

⑤ $80 - 10$

⑥ $70 - 10$

⑦ $30 - 30$

⑧ $50 - 30$

⑨ $80 - 50$

⑩ $70 - 50$

⑪ $40 - 40$

⑫ $30 - 10$

⑬ $80 - 20$

⑭ $40 - 20$

⑮ $90 - 10$

⑯ $20 - 10$

⑰ $70 - 30$

⑱ $50 - 20$

⑲ $80 - 40$

⑳ $90 - 70$

㉑ $\begin{array}{r} 56 \\ -\ 30 \\ \hline \end{array}$

㉒ $\begin{array}{r} 72 \\ -\ 20 \\ \hline \end{array}$

㉓ $\begin{array}{r} 89 \\ -\ 50 \\ \hline \end{array}$

㉔ $\begin{array}{r} 91 \\ -\ 70 \\ \hline \end{array}$

㉕ $\begin{array}{r} 94 \\ -\ 80 \\ \hline \end{array}$

㉖ $\begin{array}{r} 26 \\ -\ 10 \\ \hline \end{array}$

㉗ $\begin{array}{r} 68 \\ -\ 40 \\ \hline \end{array}$

㉘ $\begin{array}{r} 95 \\ -\ 90 \\ \hline \end{array}$

㉙ $\begin{array}{r} 84 \\ -\ 60 \\ \hline \end{array}$

㉚ $\begin{array}{r} 87 \\ -\ 20 \\ \hline \end{array}$

㉛ $\begin{array}{r} 96 \\ -\ 80 \\ \hline \end{array}$

㉜ $\begin{array}{r} 42 \\ -\ 10 \\ \hline \end{array}$

㉝ $\begin{array}{r} 77 \\ -\ 50 \\ \hline \end{array}$

㉞ $\begin{array}{r} 45 \\ -\ 30 \\ \hline \end{array}$

㉟ $\begin{array}{r} 93 \\ -\ 70 \\ \hline \end{array}$

㊱ $\begin{array}{r} 69 \\ -\ 60 \\ \hline \end{array}$

㊲ $\begin{array}{r} 89 \\ -\ 20 \\ \hline \end{array}$

㊳ $\begin{array}{r} 57 \\ -\ 40 \\ \hline \end{array}$

㊴ $\begin{array}{r} 76 \\ -\ 20 \\ \hline \end{array}$

㊵ $\begin{array}{r} 83 \\ -\ 70 \\ \hline \end{array}$

일의 자리끼리, 십의 자리끼리 빼!

㊶ $\begin{array}{r} 28 \\ -\ 17 \\ \hline \end{array}$

㊷ $\begin{array}{r} 36 \\ -\ 21 \\ \hline \end{array}$

㊸ $\begin{array}{r} 95 \\ -\ 35 \\ \hline \end{array}$

㊹ $\begin{array}{r} 88 \\ -\ 46 \\ \hline \end{array}$

㊺ $\begin{array}{r} 85 \\ -\ 72 \\ \hline \end{array}$

㊻ $\begin{array}{r} 24 \\ -\ 21 \\ \hline \end{array}$

㊼ $\begin{array}{r} 47 \\ -\ 13 \\ \hline \end{array}$

㊽ $\begin{array}{r} 56 \\ -\ 32 \\ \hline \end{array}$

㊾ $\begin{array}{r} 68 \\ -\ 55 \\ \hline \end{array}$

㊿ $\begin{array}{r} 49 \\ -\ 23 \\ \hline \end{array}$

(51) $\begin{array}{r} 83 \\ -\ 32 \\ \hline \end{array}$

(52) $\begin{array}{r} 94 \\ -\ 33 \\ \hline \end{array}$

(53) $\begin{array}{r} 79 \\ -\ 49 \\ \hline \end{array}$

(54) $\begin{array}{r} 59 \\ -\ 41 \\ \hline \end{array}$

(55) $\begin{array}{r} 37 \\ -\ 12 \\ \hline \end{array}$

(56) $\begin{array}{r} 78 \\ -\ 21 \\ \hline \end{array}$

(57) $\begin{array}{r} 17 \\ -\ 12 \\ \hline \end{array}$

(58) $\begin{array}{r} 55 \\ -\ 34 \\ \hline \end{array}$

(59) $\begin{array}{r} 63 \\ -\ 23 \\ \hline \end{array}$

(60) $\begin{array}{r} 87 \\ -\ 33 \\ \hline \end{array}$

빨셈의 원리

04 가로셈으로 빼기

같은 자리 수끼리만 뺄 수 있어.

● 뺄셈을 해 보세요.

① 80 − 60 = 20

80−60=20

② 90 − 20 =

③ 70 − 10 =

④ 50 − 10 =

⑤ 90 − 30 =

⑥ 40 − 10 =

⑦ 70 − 20 =

⑧ 90 − 60 =

⑨ 70 − 30 =

⑩ 60 − 20 =

⑪ 50 − 30 =

⑫ 60 − 50 =

⑬ 90 − 40 =

⑭ 70 − 40 =

⑮ 80 − 10 =

⑯ 60 − 30 =

⑰ 80 − 20 =

⑱ 60 − 40 =

⑲ 90 − 10 =

⑳ 50 − 20 =

㉑ 40 − 20 =

㉒ 52 - 30 =

㉓ 79 - 60 =

㉔ 68 - 20 =

㉕ 86 - 10 =

㉖ 61 - 40 =

㉗ 97 - 90 =

㉘ 62 - 50 =

㉙ 83 - 70 =

㉚ 74 - 50 =

㉛ 79 - 40 =

㉜ 55 - 20 =

㉝ 82 - 60 =

㉞ 81 - 70 =

㉟ 79 - 50 =

㊱ 92 - 80 =

㊲ 95 - 60 =

㊳ 47 - 10 =

㊴ 63 - 30 =

㊵ 54 - 20 =

㊶ 58 - 30 =

㊷ 88 - 20 =

㊸ $49-12=$

㊹ $57-32=$

㊺ $28-14=$

㊻ $76-33=$

㊼ $43-22=$

㊽ $45-13=$

㊾ $67-15=$

㊿ $69-34=$

51 $27-11=$

52 $99-18=$

53 $58-28=$

54 $95-54=$

55 $37-14=$

56 $77-26=$

57 $46-33=$

58 $98-45=$

59 $67-55=$

60 $83-12=$

61 $85-24=$

55－35=20

-3

5 5 2 0

-5

십의 자리 수와 일의 자리 수는 가는 길이 달라!

더하거나 빼는 수의 크기에 따라 답이 어떻게 달라지는지 살펴봐!

05 여러 가지 수를 더하거나 빼기

● 계산을 해 보세요.

① $60+17=77$

$60+27=87$

$60+37=97$

더하는 수가 커지면 답도 커져요.

② $30+13=$

$30+23=$

$30+33=$

③ $25+12=$

$25+13=$

$25+14=$

④ $16+31=$

$16+32=$

$16+33=$

⑤ $70+22=$

$70+12=$

$70+2=$

⑥ $50+34=$

$50+24=$

$50+14=$

⑦ $42+17=$

$42+16=$

$42+15=$

⑧ $87+12=$

$87+11=$

$87+10=$

⑨ 47－10＝

47－20＝

47－30＝

빼는 수가 커지면
답은 어떻게 될까요?

⑩ 72－50＝

72－60＝

72－70＝

⑪ 68－33＝

68－34＝

68－35＝

⑫ 29－16＝

29－17＝

29－18＝

⑬ 94－80＝

94－70＝

94－60＝

⑭ 51－40＝

51－30＝

51－20＝

⑮ 36－14＝

36－13＝

36－12＝

⑯ 83－22＝

83－21＝

83－20＝

답이 같은 이유를 찾아봐.

06 다르면서 같은 계산

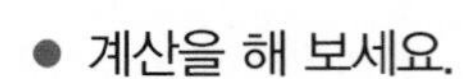

● 계산을 해 보세요.

① 20+50=70

30+40=70

40+30=70

커지는 만큼 작아져요.

② 10+40=

20+30=

30+20=

③ 13+63=

23+53=

33+43=

④ 61+34=

71+24=

81+14=

⑤ 60+20=

50+30=

40+40=

⑥ 70+20=

60+30=

50+40=

⑦ 31+24=

21+34=

11+44=

⑧ 32+16=

22+26=

12+☐=48

⑨ 60 − 20 =

70 − 30 =

80 − 40 =

커지는 만큼 커져요.

⑩ 70 − 10 =

80 − 20 =

90 − 30 =

⑪ 28 − 17 =

38 − 27 =

48 − 37 =

⑫ 76 − 24 =

86 − 34 =

96 − 44 =

⑬ 70 − 50 =

60 − 40 =

50 − 30 =

⑭ 90 − 40 =

80 − 30 =

70 − 20 =

⑮ 68 − 31 =

58 − 21 =

48 − 11 =

⑯ 57 − 34 =

47 − 24 =

37 − □ = 23

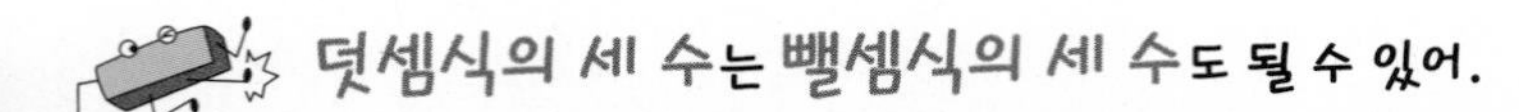

07 세 수로 덧셈, 뺄셈하기

● 세 수를 사용하여 덧셈과 뺄셈을 해 보세요.

①

30	12	42

30 + 12 = 42
12 + 30 = 42

가장 큰 수가 되도록 나머지 두 수를 더해요.

42 − 30 = 12
42 − 12 = 30

가장 큰 수에서 한 수를 빼면 나머지 수가 돼요.

②

16	12	28

16 + 12 = ______
12 + 16 = ______
28 − 16 = ______
28 − 12 = ______

③

32	22	54

32 + 22 = ______
22 + 32 = ______
54 − 32 = ______
54 − 22 = ______

④

27	12	39

27 + 12 = ______
12 + 27 = ______
39 − 27 = ______
39 − 12 = ______

⑤

46	20	66

46 + 20 = ______
20 + 46 = ______
66 − 46 = ______
66 − 20 = ______

⑥

60	18	78

60 + 18 = ______
18 + 60 = ______
78 − 60 = ______
78 − 18 = ______

⑦

51	23	74

$51+23=$ ______

$23+51=$ ______

$74-51=$ ______

$74-23=$ ______

⑧

82	14	96

$82+14=$ ______

$14+82=$ ______

$96-82=$ ______

$96-14=$ ______

⑨

43	15	58

$43+15=$ ______

$15+43=$ ______

$58-43=$ ______

$58-15=$ ______

⑩

36	32	68

$36+32=$ ______

$32+36=$ ______

$68-36=$ ______

$68-32=$ ______

⑪

64	25	89

$64+25=$ ______

$25+64=$ ______

$89-64=$ ______

$89-25=$ ______

⑫

66	11	77

$66+11=$ ______

$11+66=$ ______

$77-66=$ ______

$77-11=$ ______

더한 만큼 빼면 어떻게 될까?

08 처음 수와 같아지는 계산

● 빈칸에 알맞은 수를 써 보세요.

더한 수와 뺀 수의 크기가 같으면 처음 수와 같아져요.

① 43 →(+12)→ 55 →(−11)→ 44 →(−12)→ 32 →(+11)→ 43

❶ 43+12=55 ❷ 55−11=44 ❸ 44−12=32 ❹ 32+11=43

② 78 →(−35)→ ◯ →(+22)→ ◯ →(−22)→ ◯ →(+35)→ ◯

③ 13 →(+32)→ ◯ →(−21)→ ◯ →(+21)→ ◯ →(−32)→ ◯

④ 52 →(+26)→ ◯ →(−43)→ ◯ →(+43)→ ◯ →(−26)→ ◯

⑤ 47 →(−21)→ ◯ →(−13)→ ◯ →(+21)→ ◯ →(+13)→ ◯

⑥ 61 →(+12)→ ◯ →(+24)→ ◯ →(−12)→ ◯ →(−24)→ ◯

09 양쪽을 같게 만들기

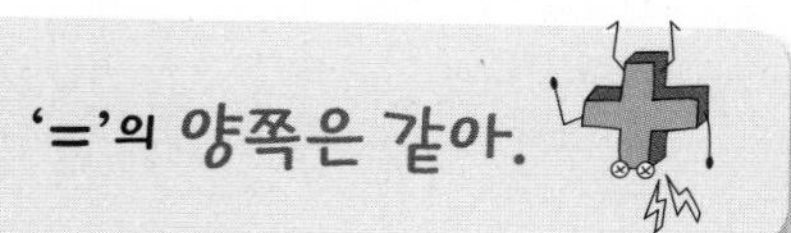

● '='의 양쪽이 같게 되도록 □ 안에 알맞은 수를 써 보세요.

① 24+12 = 30+ 6

❶ 24+12=36 ❷ 36이 되려면 30에 6을 더해야 해요.

② 16+13 = □+9

③ 35+33 = 60+□

④ 63+14 = □+7

⑤ 51+25 = 70+□

⑥ 11+27 = □+8

⑦ 43+16 = 50+□

⑧ 32+25 = □+7

⑨ 47−23 = 20+□

⑩ 97−31 = □+6

⑪ 78−16 = 60+□

⑫ 89−38 = □+1

⑬ 68−27 = 40+□

⑭ 29−13 = □+6

수능까지 연결되는 독해 로드맵

디딤돌 독해력은 수능까지 연결되는 체계적인 라인업을 통하여
수능에서 요구하는 핵심 독해 원리에 대한 이해는 물론,
단계 별로 심화되며 연결되는 학습의 과정을 통해
깊이 있고 종합적인 독해 사고의 능력까지 기를 수 있도록 도와줍니다.

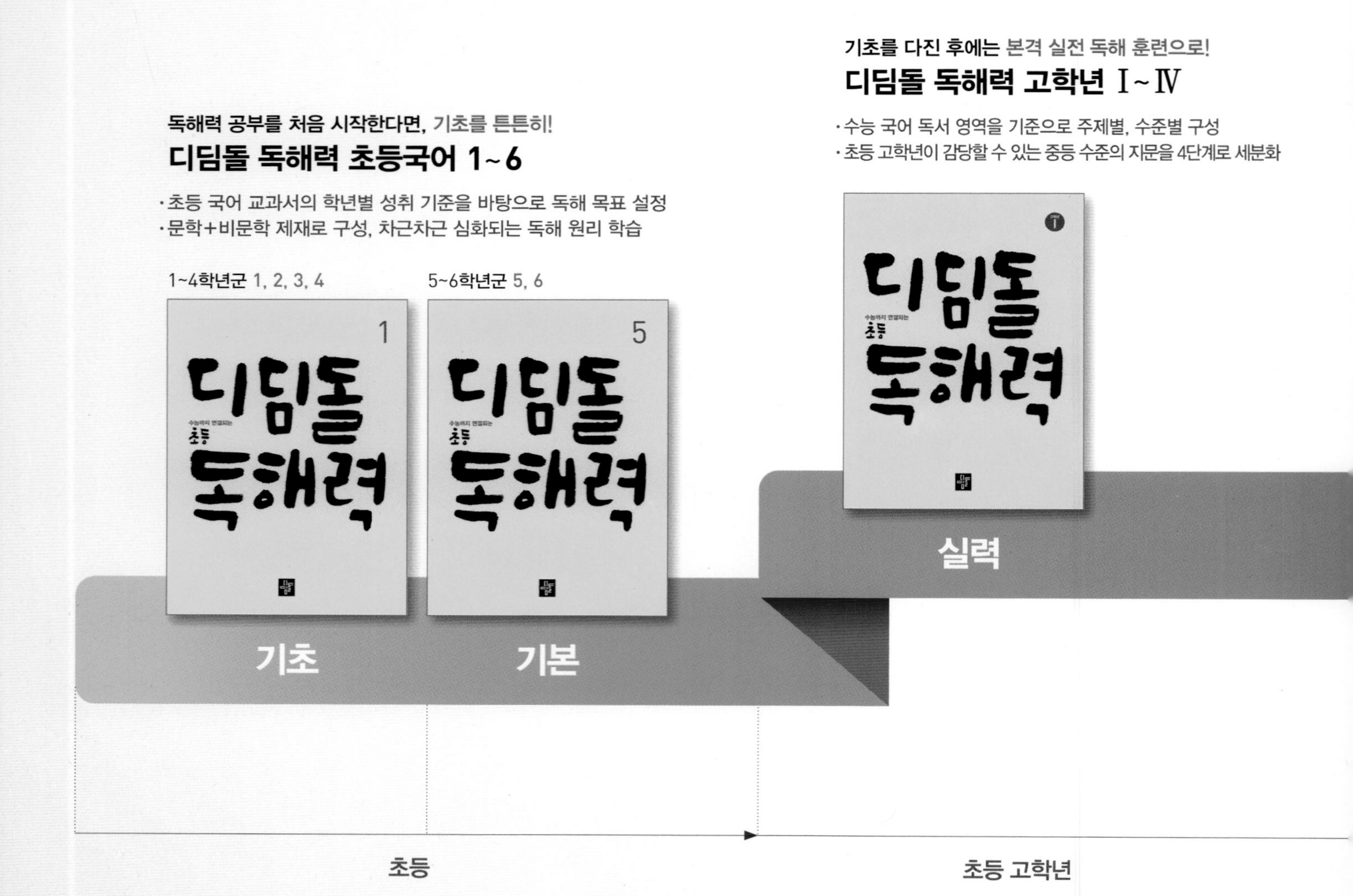

1B

디딤돌 연산은 수학이다.

정답과 학습지도법

디딤돌 연산은 수학이다.

정답과 학습지도법

1 두 수의 합이 10인 세 수의 덧셈

더하는 세 수 중 합이 10이 되는 두 수를 찾아 먼저 더하는 학습입니다. 이 학습은 받아올림이 있는 (몇)+(몇)을 하기 위한 준비 단계이므로 10의 보수를 숙달하고 10+(몇)의 연습을 충분히 할 수 있도록 지도해 주세요.

01 그림을 그려 더하기 8~9쪽

① ❶ 5개를 더 그려야 10개가 돼요.
5+5+3= 13
❷ 합이 10이 되는 두 수를 먼저 더해요.
❸ 10+3=13

② 8+2+6= 16

③ 5+7+3= 15

④ 6+4+2= 12

⑤ 6+1+4= 11

⑥ 8+5+5= 18

⑦ 8+4+2= 14

⑧ 7+4+6= 17

⑨ 5+6+4= 15

⑩ 5+2+8= 15

⑪ 1+2+9= 12

⑫ 8+3+2= 13

⑬ 7+3+8= 18

⑭ 9+3+7= 19

⑮ 5+3+5= 13

⑯ 9+7+1= 17

덧셈의 원리 ● 계산 원리 이해

02 정해진 순서대로 더하기 10~11쪽

① 7+3= 10, 10+5= 15

합이 10이 되는 두 수를 먼저 더해요.

7+3+5= 15

❶ 10

❷ 10+5= 15

② 2+8= 10, 10+4= 14

2+8+4= 14

10

14

③ 5+5= 10, 6+10= 16

6+5+5= 16

10

16

④ 6+4= 10, 10+3= 13

6+3+4= 13

10

13

⑤ 3+7= 10, 10+4= 14

3+7+4= 14

10

14

⑥ 9+1= 10, 3+10= 13

3+9+1= 13

10

13

⑦ 1+9= 10, 10+2= 12

1+9+2= 12

10

12

⑧ 4+6= 10, 8+10= 18

8+4+6= 18

10

18

⑨ 8+2= 10, 7+10= 17

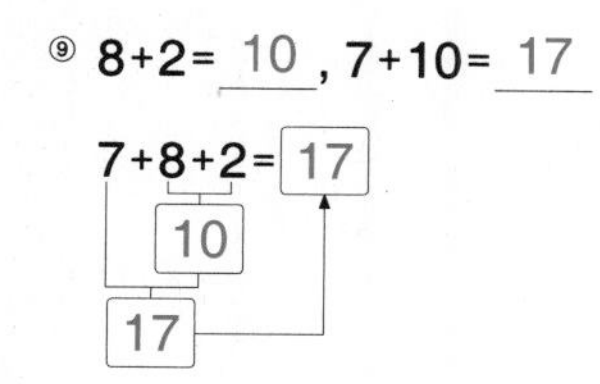

⑩ 5+5= 10, 10+9= 19

5+9+5= 19

10

19

⑪ 3+7= 10, 1+10= 11

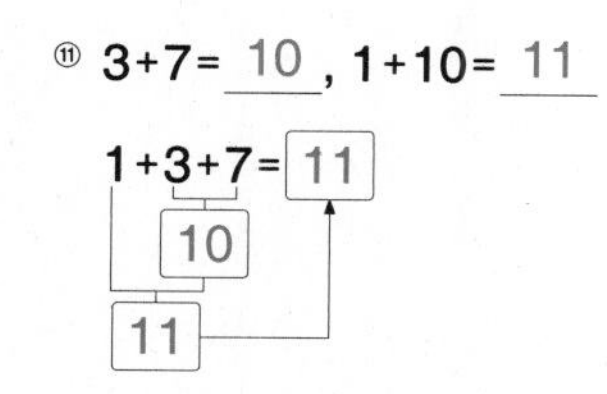

⑫ 5+5= 10, 10+2= 12

5+5+2= 12

10

12

03 10이 되는 수를 찾아 가로셈하기 12~13쪽

① 7+3+4= 14 (10, 14)
② 9+3+7=19
③ 1+7+9=17
④ 5+3+5=13
⑤ 6+7+4=17
⑥ 6+8+2=16
⑦ 7+4+3=14
⑧ 1+5+9=15
⑨ 5+5+6=16
⑩ 1+3+9=13
⑪ 3+1+7=11
⑫ 7+8+3=18
⑬ 2+4+8=14
⑭ 5+5+1=11
⑮ 3+2+8=13
⑯ 8+1+9=18
⑰ 5+5+9=19
⑱ 6+4+7=17
⑲ 7+2+8=17
⑳ 6+9+1=16
㉑ 9+5+1=15
㉒ 4+5+5=14
㉓ 7+2+3=12
㉔ 3+8+7=18
㉕ 4+6+5=15
㉖ 6+1+9=16
㉗ 2+8+9=19
㉘ 9+3+1=13
㉙ 7+8+2=17
㉚ 7+5+3=15
㉛ 7+2+3=12
㉜ 8+3+2=13
㉝ 5+9+1=15
㉞ 8+9+1=18
㉟ 6+7+3=16
㊱ 6+4+5=15
㊲ 5+5+4=14
㊳ 3+7+1=11
㊴ 5+8+5=18
㊵ 6+3+4=13
㊶ 2+8+4=14
㊷ 1+9+6=16
㊸ 8+2+3=13
㊹ 4+6+1=11
㊺ 3+9+7=19
㊻ 7+3+8=18
㊼ 9+7+3=19
㊽ 4+8+2=14
㊾ 5+8+2=15
㊿ 2+3+8=13
51 4+5+6=15
52 4+7+3=14
53 2+8+1=11
54 3+7+6=16
55 2+1+9=12
56 6+4+8=18
57 5+4+6=15
58 1+8+2=11

10의 보수

10의 보수를 익히는 것은 수학 학습 전반에 영향을 줄 수 있는 수 감각의 기초가 됩니다. 이러한 수 · 연산 감각은 계산 속도를 높여줄 뿐만 아니라 하나의 연산 문제를 다양한 관점에서 생각할 수 있는 힘을 길러 줍니다.

04 가로셈 14~16쪽

① 11 ② 11 ③ 11
④ 16 ⑤ 12 ⑥ 12
⑦ 14 ⑧ 19 ⑨ 12
⑩ 13 ⑪ 19 ⑫ 18
⑬ 15 ⑭ 15 ⑮ 14
⑯ 14 ⑰ 11 ⑱ 17
⑲ 13 ⑳ 16 ㉑ 17
㉒ 17 ㉓ 14 ㉔ 18
㉕ 19 ㉖ 13 ㉗ 16
㉘ 13 ㉙ 16 ㉚ 18
㉛ 13 ㉜ 13 ㉝ 15
㉞ 19 ㉟ 16 ㊱ 12
㊲ 11 ㊳ 13 ㊴ 11
㊵ 18 ㊶ 15 ㊷ 16
㊸ 11 ㊹ 11 ㊺ 15
㊻ 12 ㊼ 19 ㊽ 17
㊾ 15 ㊿ 18 51 14
52 19 53 17 54 15
55 13
56 13
57 14 58 16 59 11
60 12 61 15 62 19
63 16 64 17 65 16
66 14 67 12 68 15
69 18 70 17 71 12
72 19 73 11 74 16
75 15 76 17 77 18
78 15 79 15 80 13
81 13 82 16 83 11
84 18 85 11 86 20

덧셈의 원리 ● 계산 방법 이해

05 10이 되는 수를 찾아 세로셈하기 17~18쪽

① 5, 5에 ○표, 14 ② 4, 6에 ○표, 13
③ 9, 1에 ○표, 15 ④ 8, 2에 ○표, 13
⑤ 1, 9에 ○표, 17 ⑥ 7, 3에 ○표, 16
⑦ 8, 2에 ○표, 19 ⑧ 6, 4에 ○표, 11
⑨ 2, 8에 ○표, 16 ⑩ 5, 5에 ○표, 18
⑪ 1, 9에 ○표, 13 ⑫ 6, 4에 ○표, 12
⑬ 3, 7에 ○표, 11 ⑭ 4, 6에 ○표, 15
⑮ 9, 1에 ○표, 18 ⑯ 7, 3에 ○표, 14
⑰ 6, 4에 ○표, 18 ⑱ 5, 5에 ○표, 16
⑲ 2, 8에 ○표, 14 ⑳ 3, 7에 ○표, 15
㉑ 7, 3에 ○표, 18 ㉒ 4, 6에 ○표, 13
㉓ 5, 5에 ○표, 17 ㉔ 9, 1에 ○표, 14
㉕ 6, 4에 ○표, 19 ㉖ 5, 5에 ○표, 14
㉗ 7, 3에 ○표, 15 ㉘ 3, 7에 ○표, 12
㉙ 3, 7에 ○표, 14 ㉚ 5, 5에 ○표, 13
㉛ 2, 8에 ○표, 17 ㉜ 6, 4에 ○표, 17

덧셈의 원리 ● 계산 방법 이해

06 세로셈 19~21쪽

① 12 ② 13 ③ 16 ④ 17
⑤ 15 ⑥ 11 ⑦ 18 ⑧ 14
⑨ 19 ⑩ 12 ⑪ 18 ⑫ 15
⑬ 13 ⑭ 12 ⑮ 18 ⑯ 11
⑰ 13 ⑱ 16 ⑲ 17 ⑳ 13
㉑ 19 ㉒ 14 ㉓ 12 ㉔ 11
㉕ 17 ㉖ 14 ㉗ 15 ㉘ 16
㉙ 12 ㉚ 15 ㉛ 14 ㉜ 18
㉝ 17 ㉞ 15 ㉟ 14 ㊱ 14
㊲ 17 ㊳ 11 ㊴ 19 ㊵ 15
㊶ 18 ㊷ 19 ㊸ 16 ㊹ 12
㊺ 16 ㊻ 13 ㊼ 19 ㊽ 11

덧셈의 원리 ● 계산 방법 이해

07 여러 가지 수 더하기 22~23쪽

① 12, 13, 14 ② 13, 14, 15 ③ 11, 12, 13
④ 15, 17, 19 ⑤ 12, 13, 14 ⑥ 17, 18, 19
⑦ 11, 12, 13 ⑧ 13, 15, 17 ⑨ 11, 12, 13
⑩ 15, 16, 17 ⑪ 17, 18, 19 ⑫ 14, 16, 18
⑬ 16, 15, 14 ⑭ 15, 14, 13 ⑮ 18, 17, 16
⑯ 15, 13, 11 ⑰ 17, 16, 15 ⑱ 13, 12, 11
⑲ 19, 18, 17 ⑳ 18, 16, 14 ㉑ 15, 14, 13
㉒ 16, 15, 14 ㉓ 14, 13, 12 ㉔ 19, 17, 15

덧셈의 원리 ● 계산 원리 이해

08 다르면서 같은 덧셈 24~25쪽

① 15, 15 ② 17, 17 ③ 13, 13
④ 11, 11 ⑤ 15, 15 ⑥ 14, 14
⑦ 12, 12 ⑧ 17, 17 ⑨ 18, 18
⑩ 14, 14 ⑪ 18, 18 ⑫ 15, 15
⑬ 13, 13 ⑭ 16, 16 ⑮ 16, 16
⑯ 18, 18 ⑰ 15, 15 ⑱ 11, 11
⑲ 16, 16 ⑳ 13, 13 ㉑ 19, 19
㉒ 19, 19 ㉓ 17, 17 ㉔ 12, 12
㉕ 16, 16 ㉖ 11, 11 ㉗ 14, 14
㉘ 12, 12 ㉙ 18, 18 ㉚ 19, 19

덧셈의 원리 ● 계산 원리 이해

09 등식 완성하기 26~27쪽

① 2 ② 5
③ 6 ④ 2
⑤ 6 ⑥ 6
⑦ 1 ⑧ 4
⑨ 3 ⑩ 2
⑪ 8 ⑫ 6
⑬ 4 ⑭ 6
⑮ 10 ⑯ 10
⑰ 10 ⑱ 10
⑲ 10 ⑳ 10
㉑ 10 ㉒ 10
㉓ 10 ㉔ 10
㉕ 10 ㉖ 10
㉗ 10 ㉘ 10

덧셈의 성질 ● 등식

2 두 수의 차가 10인 세 수의 뺄셈

세 수 중 차가 10이 되는 두 수를 찾아 먼저 계산하는 학습입니다. 이 학습은 받아내림이 있는 (십몇)−(몇)을 하기 위한 준비 단계이므로 10 가르기와 모으기를 숙달하고 10−(몇)의 연습을 충분히 할 수 있도록 지도해 주세요.

01 그림을 지워서 빼기 30~31쪽

① 13−3−4= 6
❶ 3개를 지워야 10개가 돼요.
❷ 차가 10이 되는 두 수를 먼저 계산해요.
❸ 10−4=6

② 17−3−7= 7

③ 15−3−5= 7

④ 11−1−9= 1

⑤

14−4−2= 8

⑥ 19−5−9= 5

⑦ 16−4−6= 6

⑧ 12−2−7= 3

⑨ 15−5−4= 6

⑩ 17−7−8= 2

⑪ 13−8−3= 2

⑫ 12−1−2= 9

⑬
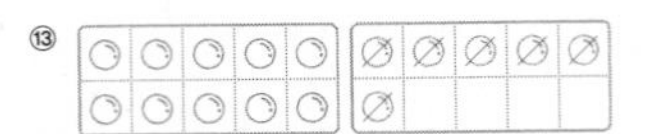
16−6−2= 8

⑭ 14−9−4= 1

⑮ 18−3−8= 7

⑯ 11−3−1= 7

뺄셈의 원리 ● 계산 원리 이해

02 정해진 순서대로 빼기 32~33쪽

① 17−7= 10 , 10−3= 7
차가 10이 되는 두 수를 먼저 계산해요.
17−7−3= 7
❶ 10
❷ 10−3= 7

② 13−3= 10 , 10−5= 5
13−5−3= 5
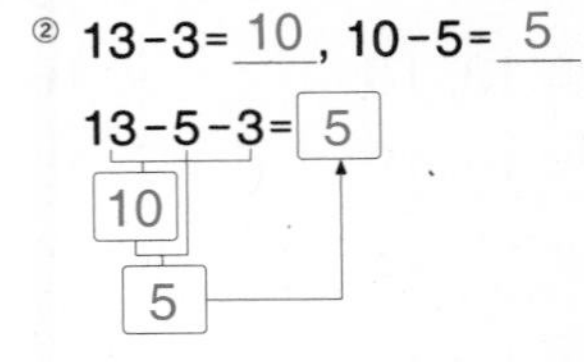

③ 18−8= 10 , 10−7= 3
18−8−7= 3
10
3

④ 19−9= 10 , 10−2= 8
19−2−9= 8
10
8

⑤ 14−4= 10 , 10−9= 1
14−4−9= 1
10
1

⑥ 11−1= 10 , 10−2= 8
11−1−2= 8
10
8

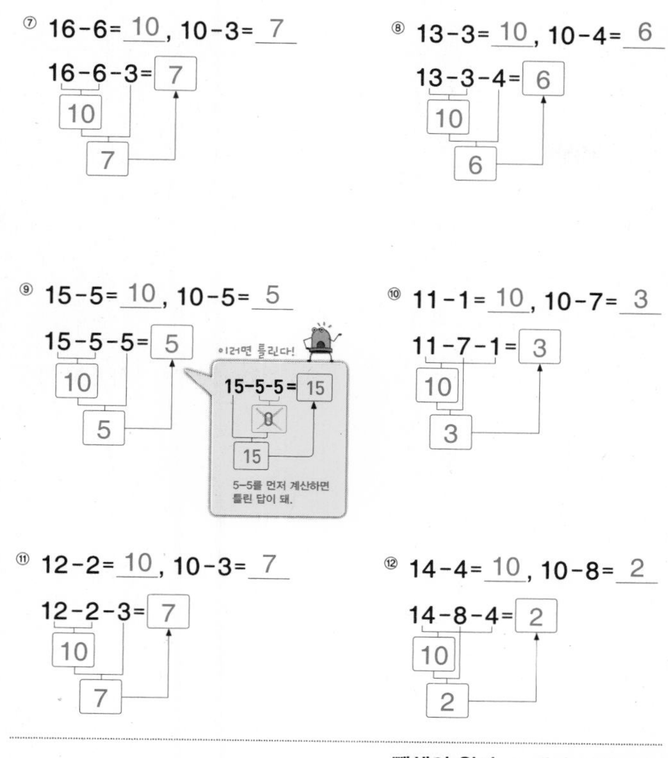

뺄셈의 원리 ● 계산 방법 이해

세 수의 계산 순서

세 수의 덧셈은 계산 순서와 관계없이 계산 결과는 항상 같습니다. 세 수의 뺄셈은 빼는 수의 순서를 바꾸어도 답이 같지만 계산 과정에서 실수하기 쉽습니다. 그리고 '더하고 빼기'나 '빼고 더하기'와 같은 세 수의 혼합 계산은 순서를 바꾸어 계산하면 더 실수가 많아집니다.
따라서 세 수의 계산은 앞에서부터 두 수씩 차례로 계산하는 것을 충분히 연습한 다음 순서를 바꾸어 계산하는 훈련을 하도록 지도합니다.

03 10이 되는 수를 찾아 가로셈하기 34~35쪽

① 16-6-4=6 (10, 6) ② 15-8-5=2 ③ 12-2-7=3
④ 14-5-4=5 ⑤ 17-7-4=6 ⑥ 18-8-3=7
⑦ 11-7-1=3 ⑧ 16-6-7=3 ⑨ 12-1-2=9
⑩ 19-5-9=5 ⑪ 15-5-7=3 ⑫ 16-6-5=5
⑬ 14-4-8=2 ⑭ 14-9-4=1 ⑮ 13-9-3=1
⑯ 16-3-6=7 ⑰ 15-5-8=2 ⑱ 18-8-7=3
⑲ 17-7-2=8 ⑳ 13-3-8=2 ㉑ 17-7-5=5
㉒ 12-2-3=7 ㉓ 16-1-6=9 ㉔ 11-9-1=1
㉕ 13-4-3=6 ㉖ 19-9-3=7 ㉗ 18-8-2=8
㉘ 13-3-4=6 ㉙ 18-7-8=3 ㉚ 17-3-7=7
㉛ 12-6-2=4 ㉜ 18-9-8=1 ㉝ 15-3-5=7
㉞ 14-9-4=1 ㉟ 12-8-2=2 ㊱ 19-9-7=3
㊲ 12-5-2=5 ㊳ 11-4-1=6 ㊴ 11-1-9=1
㊵ 17-8-7=2 ㊶ 15-7-5=3 ㊷ 16-5-6=5
㊸ 13-1-3=9 ㊹ 17-5-7=5 ㊺ 15-5-2=8
㊻ 15-4-5=6 ㊼ 17-7-8=2 ㊽ 15-5-3=7
㊾ 17-9-7=1 ㊿ 14-4-1=9 (51) 14-6-4=4
(52) 16-8-6=2 (53) 12-4-2=6 (54) 11-5-1=5
(55) 18-8-5=5 (56) 18-3-8=7 (57) 13-3-7=3
(58) 12-2-8=2 (59) 19-9-5=5 (60) 13-6-3=4

뺄셈의 원리 ● 계산 방법 이해

04 가로셈 36~38쪽

① 2	② 5	③ 6
④ 2	⑤ 3	⑥ 6
⑦ 2	⑧ 1	⑨ 4
⑩ 8	⑪ 9	⑫ 9
⑬ 4	⑭ 6	⑮ 2
⑯ 7	⑰ 9	⑱ 2
⑲ 8	⑳ 7	㉑ 1
㉒ 4	㉓ 5	㉔ 7
㉕ 6	㉖ 3	㉗ 4
㉘ 5	㉙ 6	㉚ 0
㉛ 1	㉜ 5	㉝ 5
㉞ 8	㉟ 3	㊱ 9
㊲ 5	㊳ 3	㊴ 8
㊵ 9	㊶ 8	㊷ 4
㊸ 2	㊹ 1	㊺ 3
㊻ 7	㊼ 4	㊽ 3
㊾ 7	㊿ 8	(51) 3
(52) 10	(53) 5	(54) 8
(55) 3	(56) 10	(57) 3
(58) 5	(59) 4	(60) 10
(61) 7	(62) 4	(63) 5
(64) 5	(65) 6	(66) 6
(67) 2	(68) 5	(69) 8
(70) 7	(71) 9	(72) 7
(73) 5	(74) 6	(75) 2
(76) 6	(77) 7	(78) 4
(79) 1	(80) 8	(81) 10
(82) 10	(83) 4	(84) 3
(85) 9	(86) 2	(87) 7
(88) 0	(89) 1	(90) 2

빨셈의 원리 ● 계산 방법 이해

05 정해진 수 빼기 39쪽

① 예 15−5−4=6, 예 14−4−5=5
② 예 16−6−8=2, 예 18−8−6=4
③ 예 13−3−2=8, 예 12−2−3=7
④ 예 15−5−7=3, 예 17−7−5=5
⑤ 예 14−4−9=1, 예 19−9−4=6
⑥ 예 17−7−2=8, 예 12−2−7=3

뺄셈의 원리 ● 계산 방법 이해

06 여러 가지 수 빼기 40~41쪽

① 9, 8, 7	② 7, 6, 5	③ 8, 7, 6
④ 4, 3, 2	⑤ 9, 7, 5	⑥ 8, 6, 4
⑦ 6, 5, 4	⑧ 9, 8, 7	⑨ 4, 3, 2
⑩ 6, 5, 4	⑪ 6, 4, 2	⑫ 5, 3, 1
⑬ 1, 2, 3	⑭ 4, 5, 6	⑮ 6, 7, 8
⑯ 2, 3, 4	⑰ 5, 7, 9	⑱ 2, 4, 6
⑲ 2, 3, 4	⑳ 7, 8, 9	㉑ 5, 6, 7
㉒ 1, 2, 3	㉓ 4, 6, 8	㉔ 1, 3, 5

뺄셈의 원리 ● 계산 원리 이해

07 다르면서 같은 뺄셈 42~43쪽

① 5, 5	② 8, 8	③ 6, 6
④ 8, 8	⑤ 1, 1	⑥ 4, 4
⑦ 9, 9	⑧ 7, 7	⑨ 7, 7
⑩ 5, 5	⑪ 4, 4	⑫ 1, 1
⑬ 3, 3	⑭ 9, 9	⑮ 2, 2
⑯ 4, 4	⑰ 4, 4	⑱ 5, 5
⑲ 1, 1	⑳ 1, 1	㉑ 6, 6
㉒ 3, 3	㉓ 9, 9	㉔ 4, 4
㉕ 6, 6	㉖ 6, 6	㉗ 2, 2
㉘ 7, 7	㉙ 2, 2	㉚ 7, 7

뺄셈의 원리 ● 계산 원리 이해

08 식 완성하기 44~45쪽

① 예 6, 4	② 예 3, 7
③ 예 8, 2	④ 예 1, 9
⑤ 예 2, 8	⑥ 예 4, 6
⑦ 예 1, 9	⑧ 예 3, 7
⑨ 예 4, 6	⑩ 예 8, 2
⑪ 예 7, 3	⑫ 예 8, 2
⑬ 예 3, 7	⑭ 예 6, 4
⑮ 예 9, 1	⑯ 예 2, 8

뺄셈의 감각 ● 수의 조작

09 등식 완성하기 46~47쪽

① 4	② 3
③ 5	④ 1
⑤ 9	⑥ 8
⑦ 5	⑧ 6
⑨ 9	⑩ 3
⑪ 6	⑫ 5
⑬ 5	⑭ 4
⑮ 10	⑯ 10
⑰ 10	⑱ 10
⑲ 10	⑳ 10
㉑ 10	㉒ 10
㉓ 10	㉔ 10
㉕ 10	㉖ 10
㉗ 10	㉘ 10

뺄셈의 성질 ● 등식

3 받아올림이 있는 (몇)+(몇)

두 수의 합이 10보다 큰 한 자리 수끼리의 덧셈입니다. 앞에서 배운 10을 만들어 더하기를 활용하는 학습으로 더하는 두 수 중 한 수를 10으로 만드는 것이 이번 학습의 핵심입니다. 10을 만드는 두 가지 방법 중 학생이 편리하게 생각하는 것을 스스로 선택하게 하여 다양한 수 조작력을 발휘할 수 있도록 지도해 주세요.

01 그림을 그려 더하기 50~51쪽

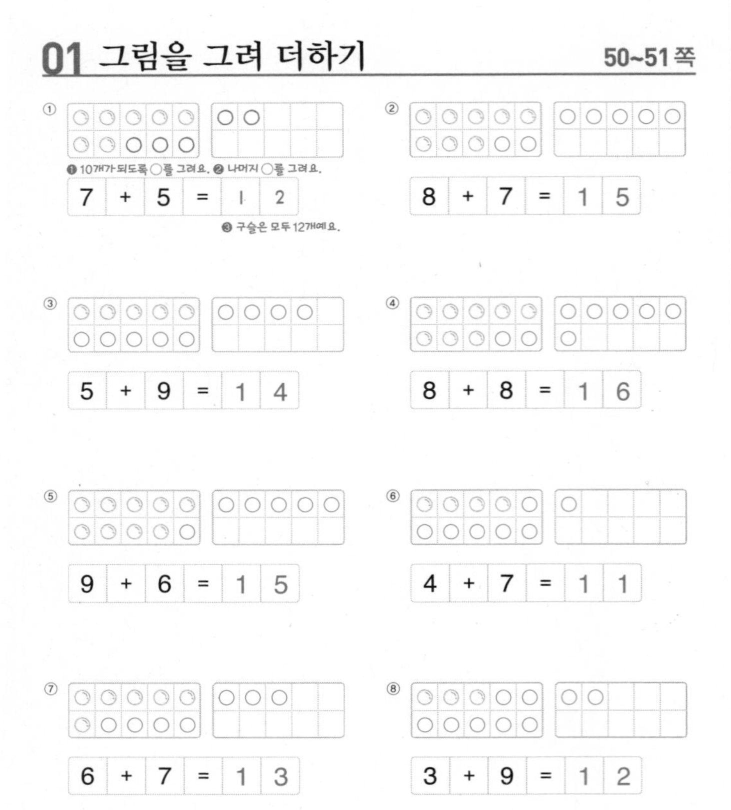

⑨ 8 + 5 = 13

⑩ 2 + 9 = 11

⑪ 6 + 6 = 12

⑫ 7 + 9 = 16

⑬ 9 + 3 = 12

⑭ 8 + 4 = 12

⑮ 6 + 8 = 14

⑯ 8 + 9 = 17

덧셈의 원리 ● 계산 원리 이해

02 수를 가르기하여 더하기(1)

52~53쪽

① 7+3= 10

7+5= 10 +2= 12

(3, 2)

❶ 5를 가르기해요. ❷ 10을 만들어요. ❸ 모두 합하면 12예요.

② 5+5= 10

5+6= 10 +1= 11

(5, 1)

③ 8+2= 10

8+5= 10 +3= 13

(2, 3)

④ 9+1= 10

9+3= 10 +2= 12

(1, 2)

⑤ 6+4= 10

6+5= 10 +1= 11

(4, 1)

⑥ 8+2= 10

8+4= 10 +2= 12

(2, 2)

⑦ 2+8= 10

3+8=1+ 10 = 11

(1, 2)

⑧ 1+9= 10

2+9=1+ 10 = 11

(1, 1)

⑨ 3+7= 10

5+7=2+ 10 = 12

(2, 3)

⑩ 4+6= 10

6+6=2+ 10 = 12

(2, 4)

⑪ 5+5= 10

8+5=3+ 10 = 13

(3, 5)

⑫ 3+7= 10

4+7=1+ 10 = 11

(1, 3)

덧셈의 원리 ● 계산 원리 이해

03 수를 가르기하여 더하기(2)

54~55쪽

① 9+5= 10 +4= 14

(1, 4)

❷ 10을 만들어요. ❸ 모두 합하면 14예요.

② 9+9= 10 +8= 18

(1, 8)

③ 8+8= 10 +6= 16

(2, 6)

④ 7+5= 10 +2= 12

(3, 2)

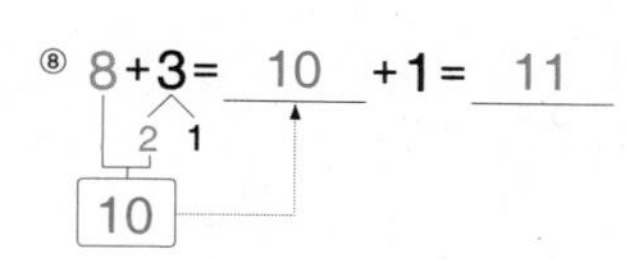

⑤ 6+6= 10 +2= 12

(4, 2)

⑥ 5+8= 10 +3= 13

(5, 3)

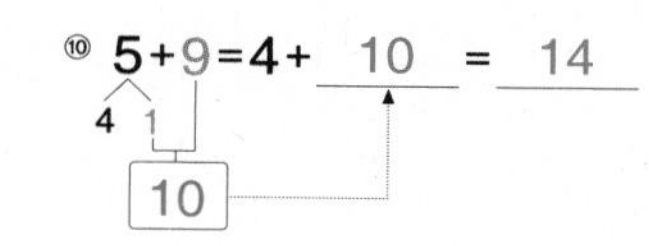

⑦ 7+8= 10 +5= 15

(3, 5)

⑧ 8+3= 10 +1= 11

(2, 1)

⑨ 4+8=2+ 10 = 12

(2, 2)

⑩ 5+9=4+ 10 = 14

(4, 1)

⑪ 6+8=4+ 10 = 14

(4, 2)

⑫ 5+7=2+ 10 = 12

(2, 3)

⑬ 7+6=3+ 10 = 13

(3, 4)

⑭ 8+9=7+ 10 = 17

(7, 1)

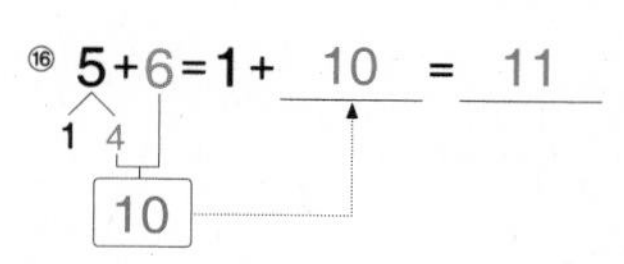

⑮ 7+7=4+ 10 = 14

(4, 3)

⑯ 5+6=1+ 10 = 11

(1, 4)

덧셈의 원리 ● 계산 원리 이해

04 수를 쪼개어 더하기 56~57쪽

① 13, 13	② 11, 11	③ 14, 14
④ 11, 11	⑤ 12, 12	⑥ 13, 13
⑦ 17, 17	⑧ 12, 12	⑨ 14, 14
⑩ 15, 15	⑪ 12, 12	⑫ 11, 11
⑬ 13, 13	⑭ 11, 11	⑮ 13, 13
⑯ 15, 15	⑰ 12, 12	⑱ 11, 11
⑲ 13, 13	⑳ 18, 18	㉑ 12, 12
㉒ 14, 14	㉓ 11, 11	㉔ 14, 14
㉕ 13, 13	㉖ 11, 11	㉗ 12, 12
㉘ 16, 16	㉙ 11, 11	

덧셈의 원리 ● 계산 원리 이해

05 가로셈 58~60쪽

① 11	② 16	③ 13
④ 12	⑤ 11	⑥ 14
⑦ 13	⑧ 12	⑨ 14
⑩ 11	⑪ 13	⑫ 11
⑬ 12	⑭ 14	⑮ 12
⑯ 13	⑰ 15	⑱ 13
⑲ 15	⑳ 16	㉑ 14
㉒ 11	㉓ 13	㉔ 15
㉕ 12	㉖ 12	㉗ 16
㉘ 11	㉙ 11	㉚ 10
㉛ 10	㉜ 13	㉝ 14
㉞ 15	㉟ 11	㊱ 13
㊲ 14	㊳ 11	㊴ 15
㊵ 11	㊶ 12	㊷ 15
㊸ 12	㊹ 11	㊺ 16
㊻ 15	㊼ 11	㊽ 11
㊾ 14	㊿ 12	51 10
52 13	53 12	54 13
55 17	56 10	57 14
58 18	59 16	60 17
61 13	62 14	63 13
64 16	65 12	66 14
67 14	68 11	69 12
70 10	71 17	72 11
73 11	74 16	75 10
76 12	77 11	78 18
79 14	80 13	81 13
82 13	83 10	84 11
85 13	86 11	87 14
88 15	89 12	90 15

덧셈의 원리 ● 계산 방법 이해

십진법

10씩 묶음으로 생각하는 수의 표시법을 십진법이라고 합니다. 십진법은 받아올림, 받아내림을 하는 가장 기초적인 개념이므로 10의 보수를 완벽하게 익혀 계산 속도를 높이고 수 조작력을 기를 수 있도록 지도해 주세요.

06 세로셈 61~63쪽

① 11 ② 12 ③ 13 ④ 15
⑤ 13 ⑥ 12 ⑦ 11 ⑧ 13
⑨ 12 ⑩ 12 ⑪ 13 ⑫ 16
⑬ 11 ⑭ 14 ⑮ 16 ⑯ 11
⑰ 12 ⑱ 12 ⑲ 15 ⑳ 13
㉑ 15 ㉒ 11 ㉓ 14 ㉔ 13
㉕ 11 ㉖ 14 ㉗ 14 ㉘ 17
㉙ 16 ㉚ 12 ㉛ 11 ㉜ 11
㉝ 17 ㉞ 12 ㉟ 10 ㊱ 12
㊲ 16 ㊳ 10 ㊴ 10 ㊵ 13
㊶ 18 ㊷ 15 ㊸ 15 ㊹ 11
㊺ 12 ㊻ 13 ㊼ 12 ㊽ 12
㊾ 11 ㊿ 16 (51) 11 (52) 10
(53) 10 (54) 12 (55) 11 (56) 15
(57) 14 (58) 13

덧셈의 원리 ● 계산 방법 이해

07 다르면서 같은 덧셈 64~65쪽

① 11, 11, 11, 11, 11, 11, 11, 11, 11, 11
② 12, 12, 12, 12, 12, 12, 12, 12, 12
③ 13, 13, 13, 13, 13, 13, 13, 13
④ 19, 19
⑤ 14, 14, 14, 14, 14, 14, 14
⑥ 15, 15, 15, 15, 15, 15
⑦ 16, 16, 16, 16, 16
⑧ 17, 17, 17, 17
⑨ 18, 18, 18

덧셈의 원리 ● 계산 원리 이해

08 합하면 모두 얼마가 될까? 66쪽

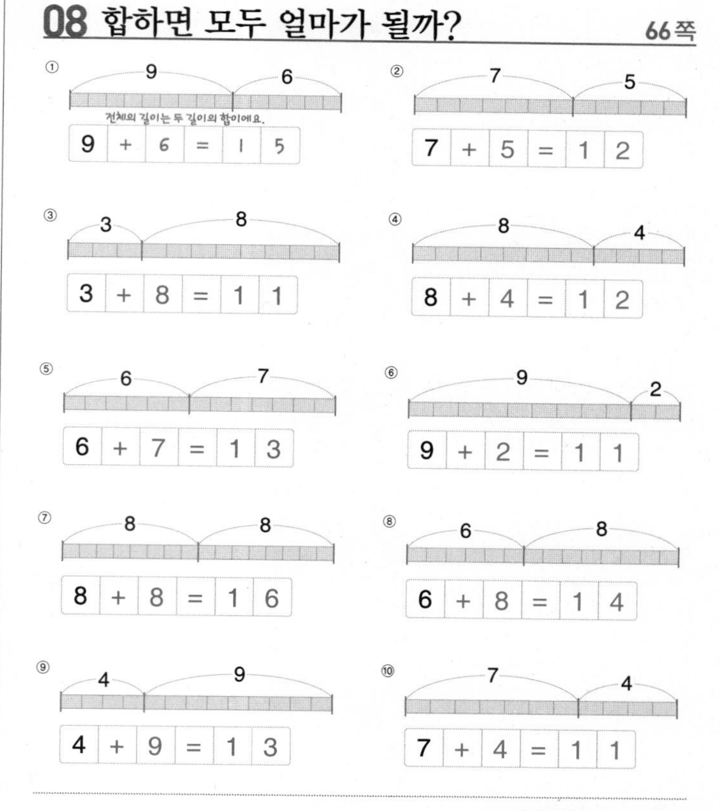

덧셈의 활용 ● 합병

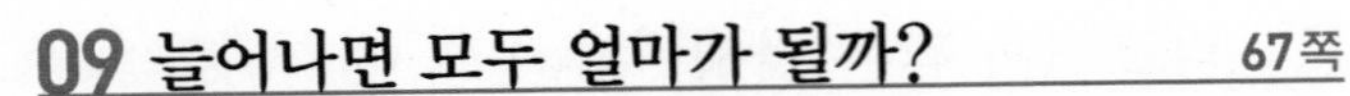

09 늘어나면 모두 얼마가 될까? 67쪽

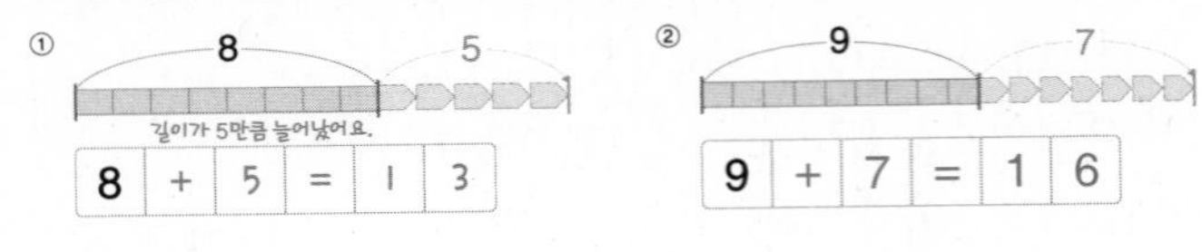

① 8 + 5 = 13

② 9 + 7 = 16

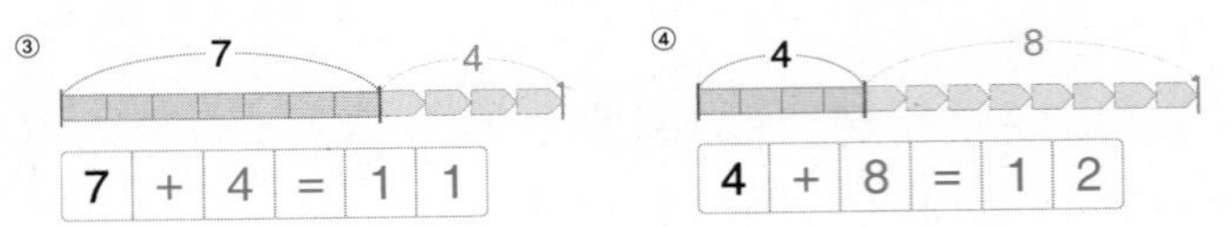

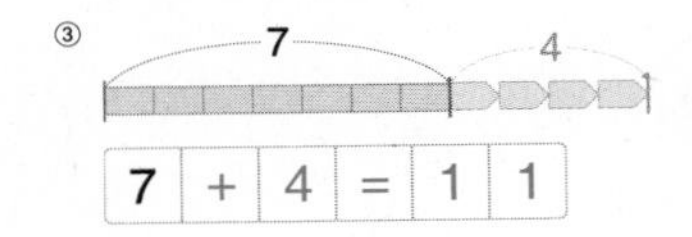

③ 7 + 4 = 11

④ 4 + 8 = 12

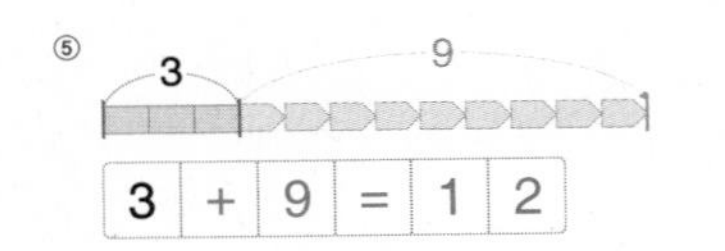

⑤ 3 + 9 = 12

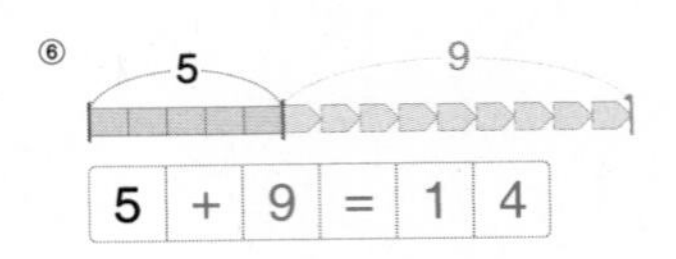

⑥ 5 + 9 = 14

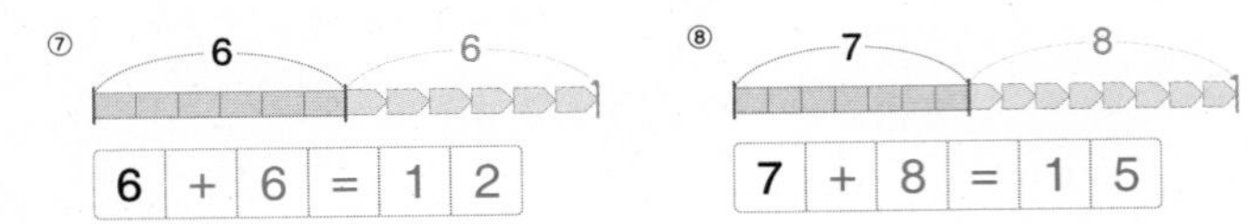

⑦ 6 + 6 = 12

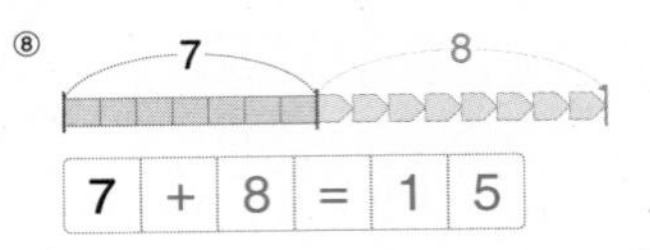

⑧ 7 + 8 = 15

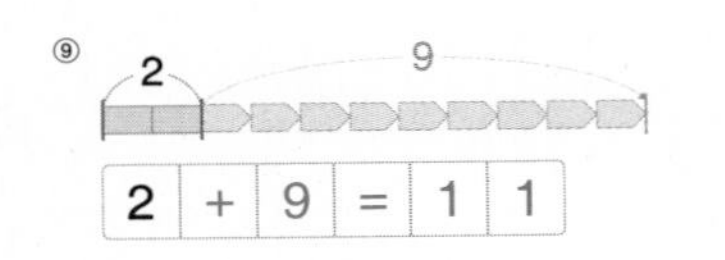

⑨ 2 + 9 = 11

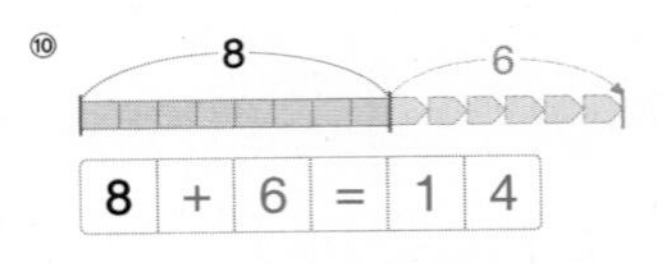

⑩ 8 + 6 = 14

덧셈의 활용 ● 첨가

10 합이 같도록 선 긋기 68~69쪽

①

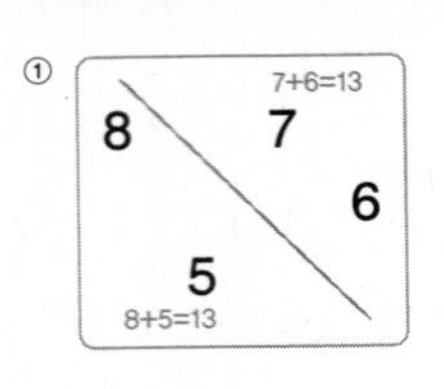

②

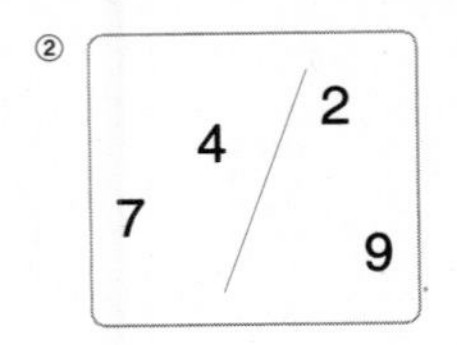

③

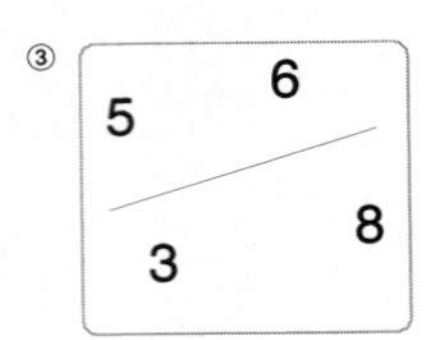

④

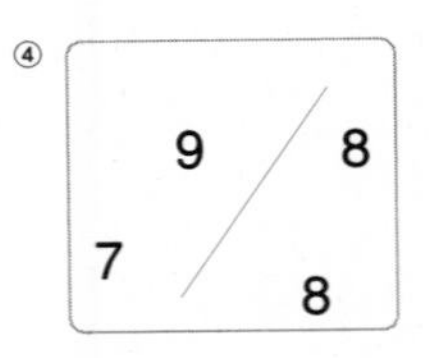

⑤

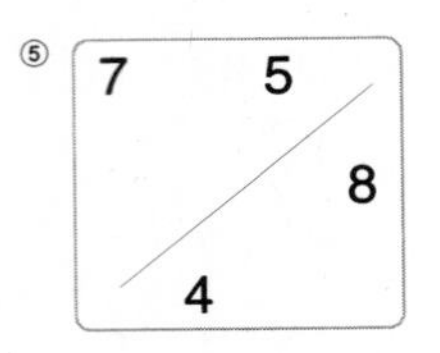

⑥

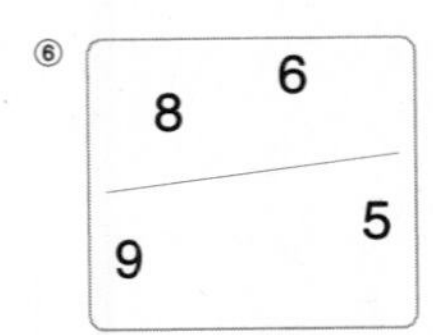

⑦

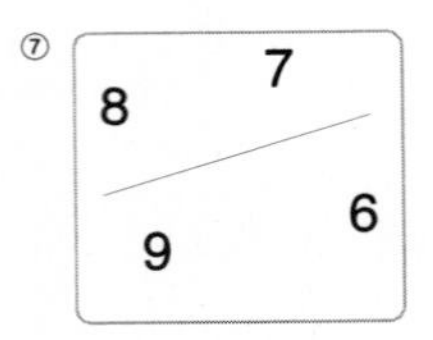

⑧

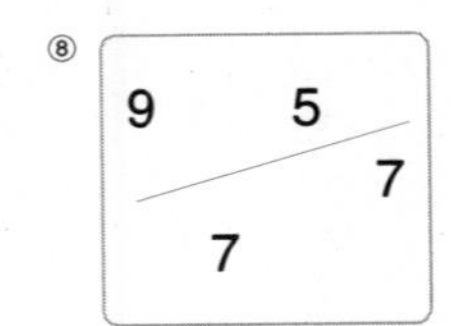

⑨

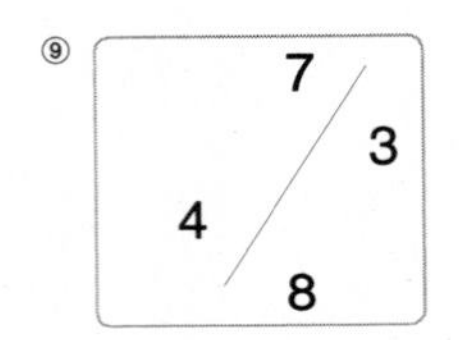

⑩

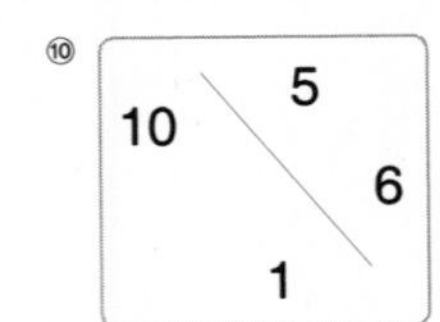

⑪

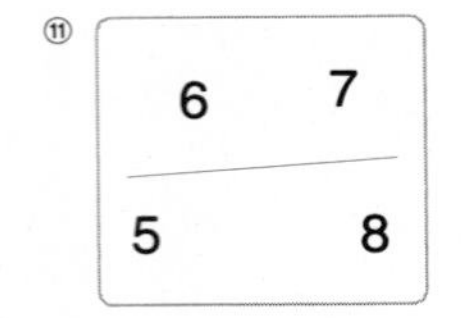

⑫

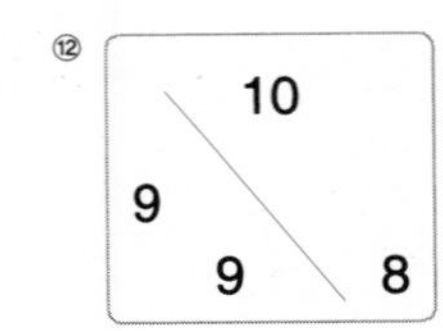

⑬

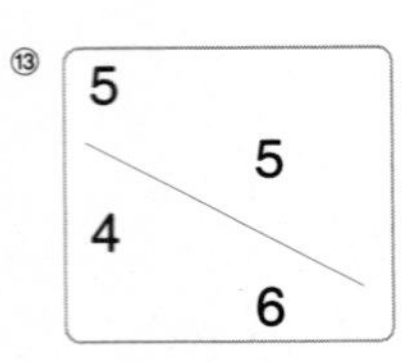

⑭

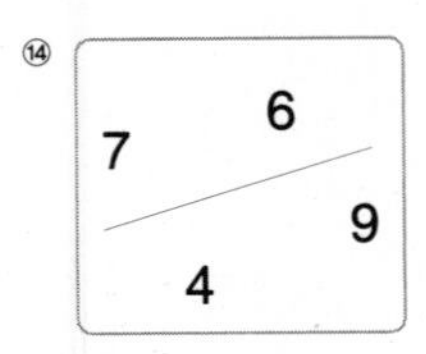

⑮

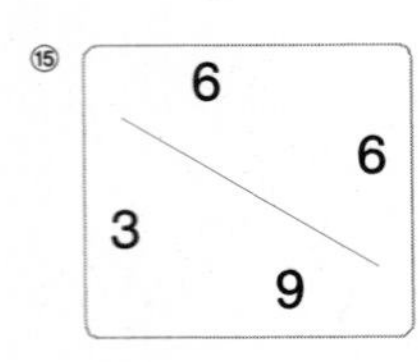

⑯

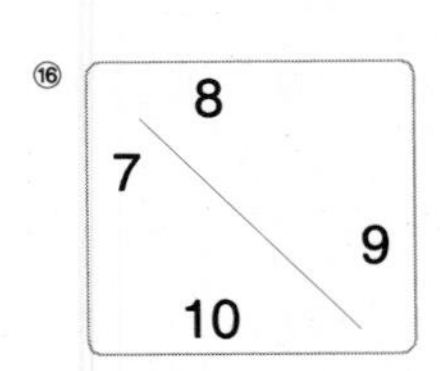

덧셈의 감각 ● 수의 조작

수 감각

수 감각은 수와 연산에 대한 직관적인 느낌을 말하는데 다양한 방법으로 수학 문제를 해결할 수 있도록 도와줍니다. 따라서 초중고 전체의 수학 학습에 큰 영향을 주지만 그 감각을 기를 수 있는 충분한 훈련은 초등 단계에서 이루어져야 합니다. 하나의 연산을 다양한 각도에서 바라보고, 수 조작력을 발휘하여 수 감각을 기를 수 있도록 지도해 주세요.

11 등식 완성하기 70~71쪽

① 3 ② 7
③ 3 ④ 6
⑤ 1 ⑥ 1
⑦ 2 ⑧ 8
⑨ 4 ⑩ 5
⑪ 1 ⑫ 3
⑬ 5 ⑭ 1
⑮ 10 ⑯ 10
⑰ 10 ⑱ 10
⑲ 10 ⑳ 10
㉑ 10 ㉒ 10
㉓ 1 ㉔ 1
㉕ 2 ㉖ 1
㉗ 2

덧셈의 성질 ● 등식

4 받아내림이 있는 (십몇)−(몇)

받아내림이 있는 뺄셈을 처음 접하는 단계이나 '받아내림'을 사용하지 않고 10을 이용합니다. 앞에서 배운 10을 만들어 빼기를 활용하는 학습으로 식을 '10−(몇)'으로 만드는 것이 이번 학습의 핵심입니다. 제시되는 두 가지 뺄셈 방법 중 학생이 편리하게 생각하는 것을 스스로 선택하게 하여 다양한 수 조작력을 발휘할 수 있도록 지도해 주세요.

01 그림을 지워서 빼기 74~75쪽

① 14 − 5 = 9
❶ 여기서부터 지워요.
❷ 남은 구슬은 9개예요.

② 16 − 9 = 7

③ 11 − 6 = 5

④ 13 − 5 = 8

⑤ 12 − 8 = 4

⑥ 15 − 6 = 9

⑦ 18 − 9 = 9

⑧ 13 − 6 = 7

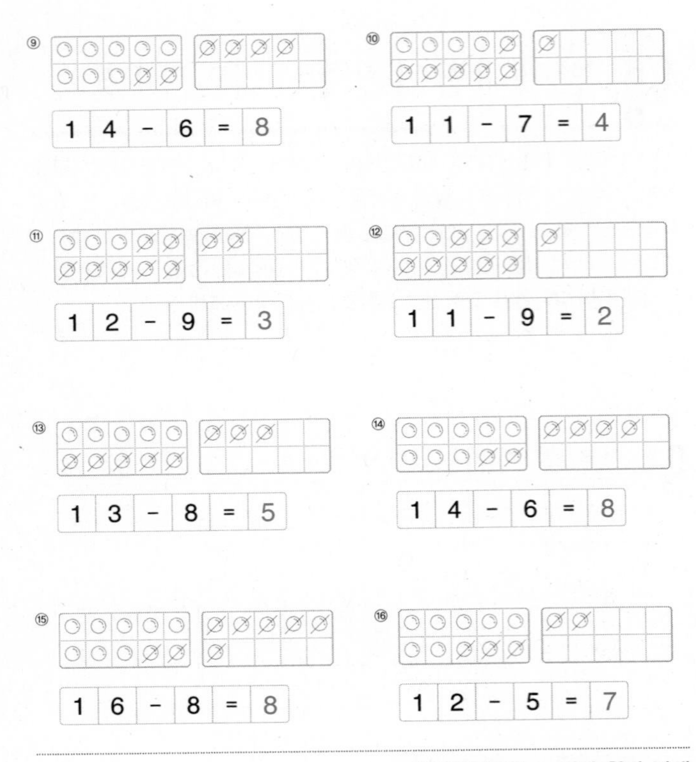

빨셈의 원리 ● 계산 원리 이해

02 수를 가르기하여 빼기(1)

76~77쪽

① 11 - 1 = 10

❶ 5를 가르기해요.

11 - 5 = 10 - 4 = 6 (1, 4)

❷ 10을 만들어요. ❸

② 14 - 4 = 10

14 - 8 = 10 - 4 = 6 (4, 4)

③ 13 - 3 = 10

13 - 9 = 10 - 6 = 4 (3, 6)

④ 15 - 5 = 10

15 - 7 = 10 - 2 = 8 (5, 2)

⑤ 16 - 6 = 10

16 - 9 = 10 - 3 = 7 (6, 3)

⑥ 12 - 2 = 10

12 - 4 = 10 - 2 = 8 (2, 2)

⑦ 13 - 4 = 10 - 1 = 9 (3, 1)

⑧ 17 - 9 = 10 - 2 = 8 (7, 2)

⑨ 11 - 3 = 10 - 2 = 8 (1, 2)

⑩ 12 - 7 = 10 - 5 = 5 (2, 5)

⑪ 15 - 8 = 10 - 3 = 7 (5, 3)

⑫ 14 - 8 = 10 - 4 = 6 (4, 4)

⑬ 18 - 9 = 10 - 1 = 9 (8, 1)

⑭ 16 - 7 = 10 - 1 = 9 (6, 1)

빨셈의 원리 ● 계산 원리 이해

03 수를 가르기하여 빼기(2)

78~79쪽

① 10−8= 2

❶ 16을 가르기해요.

16−8=6+ 2 = 8

6 10 (연산 기호에 주의해요.) ❸

2

❷ 10에서 빼요.

② 10−9= 1

13−9=3+ 1 = 4

3 10

1

③ 10−7= 3

11−7=1+ 3 = 4

1 10

3

④ 10−5= 5

12−5=2+ 5 = 7

2 10

5

⑤ 10−8= 2

14−8=4+ 2 = 6

4 10

2

⑥ 10−6= 4

15−6=5+ 4 = 9

5 10

4

⑦ 14−7=4+ 3 = 7

4 10

3

⑧ 17−9=7+ 1 = 8

7 10

1

⑨ 16−8=6+ 2 = 8

6 10

2

⑩ 11−4=1+ 6 = 7

1 10

6

⑪ 12−3=2+ 7 = 9

2 10

7

⑫ 15−8=5+ 2 = 7

5 10

2

⑬ 18−9=8+ 1 = 9

8 10

1

⑭ 13−6=3+ 4 = 7

3 10

4

빨셈의 원리 ● 계산 원리 이해

04 수를 쪼개어 빼기

80~81쪽

① 8, 8 ② 3, 3 ③ 8, 8

④ 7, 7 ⑤ 8, 8 ⑥ 7, 7

⑦ 7, 7 ⑧ 7, 7 ⑨ 9, 9

⑩ 6, 6 ⑪ 8, 8 ⑫ 4, 4

⑬ 4, 4 ⑭ 3, 3 ⑮ 6, 6

⑯ 8, 8 ⑰ 8, 8 ⑱ 2, 2

⑲ 9, 9 ⑳ 6, 6 ㉑ 8, 8

㉒ 9, 9 ㉓ 6, 6 ㉔ 7, 7

㉕ 7, 7 ㉖ 9, 9 ㉗ 9, 9

㉘ 9, 9 ㉙ 5, 5

빨셈의 원리 ● 계산 원리 이해

05 가로셈

82~84쪽

① 5	② 7	③ 8
④ 4	⑤ 8	⑥ 9
⑦ 3	⑧ 7	⑨ 9
⑩ 2	⑪ 6	⑫ 6
⑬ 6	⑭ 5	⑮ 7
⑯ 5	⑰ 4	⑱ 8
⑲ 7	⑳ 3	㉑ 8
㉒ 8	㉓ 7	㉔ 4
㉕ 5	㉖ 6	㉗ 7
㉘ 8	㉙ 9	㉚ 9
㉛ 9	㉜ 8	㉝ 4
㉞ 6	㉟ 5	㊱ 7
㊲ 6	㊳ 5	㊴ 8
㊵ 7	㊶ 5	㊷ 3
㊸ 6	㊹ 4	㊺ 8
㊻ 7	㊼ 8	㊽ 9
㊾ 7	㊿ 9	51 6
52 9	53 2	54 7
55 9	56 5	57 7
58 8	59 9	60 7
61 7	62 8	63 9
64 7	65 9	66 6
67 9	68 9	69 1
70 8	71 4	72 6
73 9	74 8	75 8
76 8	77 3	78 2
79 6	80 9	81 5
82 3	83 8	84 4
85 5	86 7	87 5
88 8	89 7	90 6

뺄셈의 원리 ● 계산 방법 이해

06 세로셈

85~87쪽

① 3	② 7	③ 8	④ 4
⑤ 9	⑥ 5	⑦ 9	⑧ 9
⑨ 6	⑩ 8	⑪ 7	⑫ 6
⑬ 8	⑭ 9	⑮ 6	⑯ 9
⑰ 8	⑱ 5	⑲ 7	⑳ 8
㉑ 8	㉒ 6	㉓ 7	㉔ 9
㉕ 2	㉖ 9	㉗ 8	㉘ 6
㉙ 3	㉚ 7	㉛ 9	㉜ 8
㉝ 7	㉞ 9	㉟ 5	㊱ 5
㊲ 7	㊳ 4	㊴ 5	㊵ 3
㊶ 9	㊷ 9	㊸ 8	㊹ 7
㊺ 8	㊻ 6	㊼ 8	㊽ 7
㊾ 4	㊿ 8	51 4	52 8
53 9	54 3	55 5	56 9
57 6	58 6	59 8	60 6

뺄셈의 원리 ● 계산 방법 이해

07 다르면서 같은 뺄셈 88~89쪽

① 9, 9, 9, 9, 9, 9, 9, 9, 9, 9
② 8, 8, 8, 8, 8, 8, 8, 8, 8
③ 7, 7, 7, 7, 7, 7, 7, 7
④ 1, 1
⑤ 6, 6, 6, 6, 6, 6, 6
⑥ 5, 5, 5, 5, 5, 5
⑦ 4, 4, 4, 4, 4
⑧ 3, 3, 3, 3
⑨ 2, 2, 2

뺄셈의 원리 ● 계산 원리 이해

08 덧셈과 뺄셈의 관계 90~91쪽

① 12, 9	② 12, 6	③ 17, 9
④ 11, 4	⑤ 11, 3	⑥ 12, 8
⑦ 15, 9	⑧ 11, 5	⑨ 11, 2
⑩ 14, 8	⑪ 13, 6	⑫ 14, 5
⑬ 12, 7	⑭ 14, 7	⑮ 16, 7
⑯ 8, 13	⑰ 6, 11	⑱ 5, 12
⑲ 6, 15	⑳ 9, 11	㉑ 7, 15
㉒ 8, 16	㉓ 7, 11	㉔ 8, 17
㉕ 6, 14	㉖ 9, 13	㉗ 9, 18
㉘ 4, 12	㉙ 7, 13	㉚ 5, 13

덧셈과 뺄셈의 성질 ● 덧셈과 뺄셈의 관계

Fact Family

Fact Family란 덧셈과 뺄셈의 관계를 뜻하는 것으로 미국 수학 교육에서 사용하는 표현입니다. 덧셈이나 뺄셈의 결과를 구하는 것만큼이나 덧셈과 뺄셈의 관계를 이해하는 것도 매우 중요하기 때문에 family라는 구조를 활용하여 학생들이 쉽게 이해할 수 있게 한 것입니다.

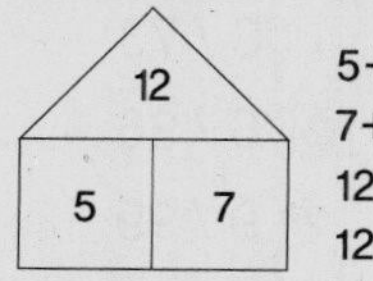

$5+7=12$
$7+5=12$
$12-5=7$
$12-7=5$

위와 같이 세 수로 네 식을 자유자재로 만들 수 있다면 전체와 부분의 관계를 이해할 수 있을 뿐만 아니라 수 감각도 길러지게 됩니다.

09 세 수로 덧셈식, 뺄셈식 만들기 92~93쪽

① 8, 13 / 5, 13 / 5, 8 / 8, 5
② 9, 15 / 6, 15 / 6, 9 / 9, 6
③ 9, 12 / 3, 12 / 3, 9 / 9, 3
④ 4, 11 / 7, 11 / 7, 4 / 4, 7
⑤ 6, 14 / 8, 14 / 8, 6 / 6, 8
⑥ 9, 4, 13 / 4, 9, 13 / 13, 9, 4 / 13, 4, 9
⑦ 9, 8, 17 / 8, 9, 17 / 17, 9, 8 / 17, 8, 9
⑧ 3, 8, 11 / 8, 3, 11 / 11, 3, 8 / 11, 8, 3
⑨ 7, 5, 12 / 5, 7, 12 / 12, 7, 5 / 12, 5, 7
⑩ 9, 2, 11 / 2, 9, 11 / 11, 9, 2 / 11, 2, 9

덧셈과 뺄셈의 성질 ● 덧셈과 뺄셈의 관계

10 화살표 방향으로 계산하기 94~95쪽

① 5, 8	② 7, 4
③ 5, 6	④ 9, 8
⑤ 8, 4	⑥ 7, 8
⑦ 7, 5	⑧ 9, 4
⑨ 6, 6	⑩ 3, 3
⑪ 8, 8	⑫ 9, 9
⑬ 5, 5	⑭ 5, 5
⑮ 9, 9	

뺄셈의 원리 ● 계산 원리 이해

11 차가 같은 두 수를 선으로 잇기 96쪽

①

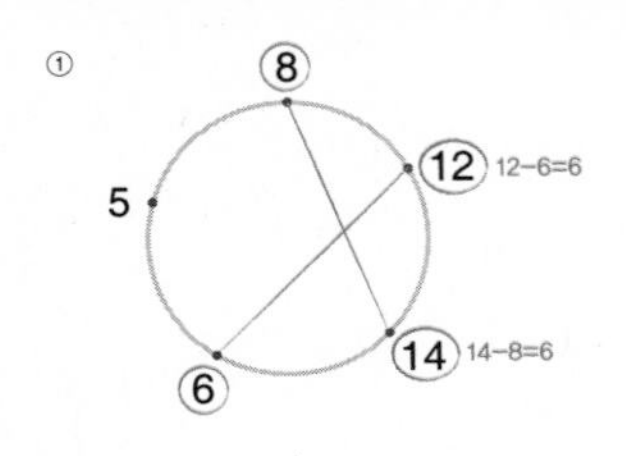

②

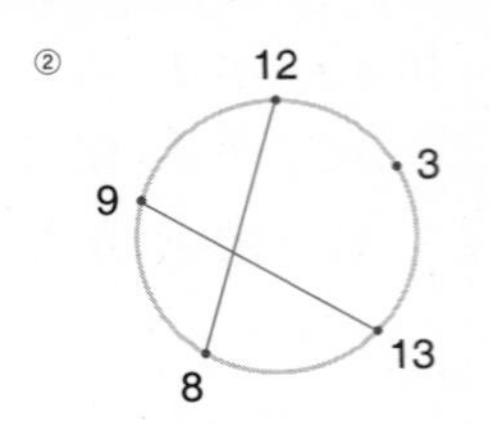

③

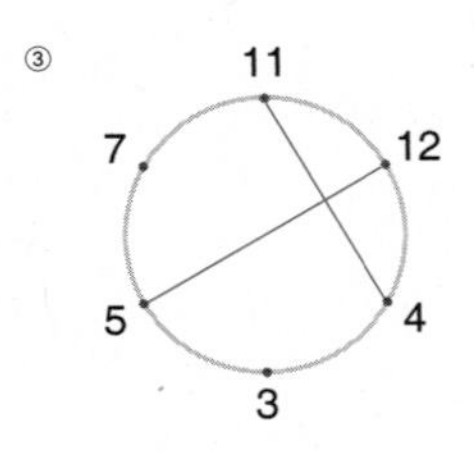

④

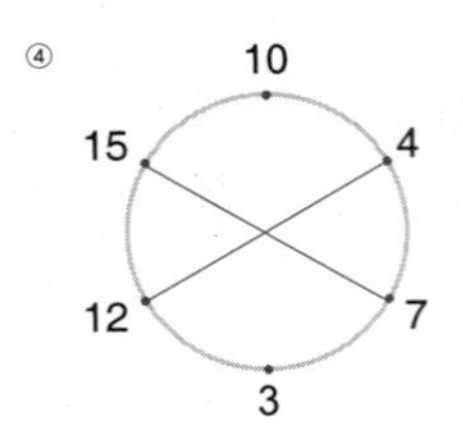

⑤

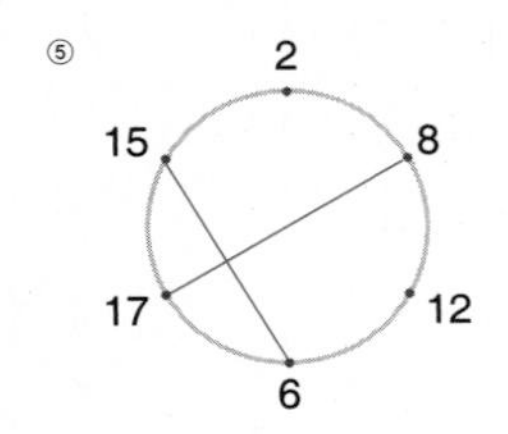

⑥

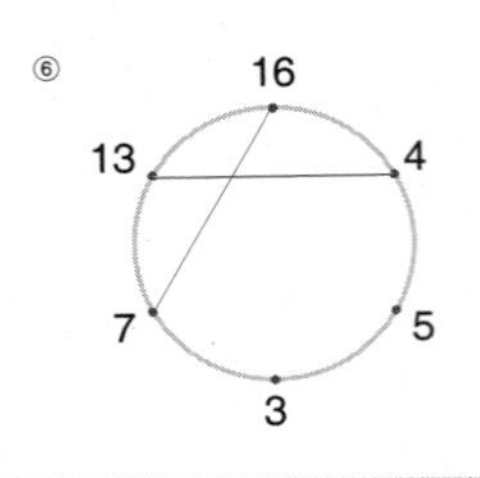

뺄셈의 감각 ● 수의 조작

12 등식 완성하기 97쪽

① 7	② 10
③ 5	④ 10
⑤ 3	⑥ 10
⑦ 2	⑧ 10
⑨ 8	⑩ 4
⑪ 2	⑫ 3
⑬ 1	⑭ 4

뺄셈의 성질 ● 등식

5 (몇십)+(몇), (몇)+(몇십)

몇십과 몇의 덧셈은 두 자리 수 계산의 기초가 되고 자릿값 개념을 본격적으로 형성하는 단계의 학습입니다. 덧셈을 하여 십의 자리 수, 일의 자리 수가 만들어지는 원리를 이해하도록 하고, 같은 숫자라도 자리에 따라 나타내는 수가 다르다는 것을 체득할 수 있도록 지도해 주세요.

01 블록으로 덧셈하기 100~101쪽

① 13	② 14	③ 15
④ 22	⑤ 24	⑥ 26
⑦ 31	⑧ 35	⑨ 37
⑩ 42	⑪ 45	⑫ 48
⑬ 53	⑭ 56	⑮ 59
⑯ 61	⑰ 64	⑱ 67

덧셈의 원리 ● 계산 원리 이해

02 단계에 따라 덧셈하기 102~103쪽

① 1 / 11	② 2 / 12	③ 3 / 13
④ 4 / 24	⑤ 5 / 25	⑥ 6 / 26
⑦ 7 / 37	⑧ 8 / 38	⑨ 9 / 39
⑩ 9 / 49	⑪ 8 / 48	⑫ 7 / 47
⑬ 6 / 56	⑭ 5 / 55	⑮ 4 / 54
⑯ 3 / 63	⑰ 2 / 62	⑱ 1 / 61
⑲ 1 / 71	⑳ 2 / 72	㉑ 3 / 73
㉒ 4 / 84	㉓ 5 / 85	㉔ 6 / 86
㉕ 7 / 97	㉖ 8 / 98	㉗ 9 / 99
㉘ 8 / 88	㉙ 5 / 65	㉚ 2 / 42

덧셈의 원리 ● 계산 원리 이해

03 세로셈

104~106쪽

① 13	② 24	③ 35	④ 53
⑤ 87	⑥ 64	⑦ 36	⑧ 19
⑨ 99	⑩ 27	⑪ 45	⑫ 78
⑬ 52	⑭ 16	⑮ 83	⑯ 61
⑰ 37	⑱ 89	⑲ 95	⑳ 54
㉑ 25	㉒ 47	㉓ 93	㉔ 43
㉕ 29	㉖ 88	㉗ 62	㉘ 34
㉙ 49	㉚ 14	㉛ 79	㉜ 36
㉝ 26	㉞ 17	㉟ 11	㊱ 58
㊲ 22	㊳ 73	㊴ 39	㊵ 97
㊶ 59	㊷ 15	㊸ 82	㊹ 23
㊺ 74	㊻ 98	㊼ 28	㊽ 67
㊾ 41	㊿ 42	51 12	52 32
53 63	54 38	55 55	56 76
57 21	58 92	59 46	60 91

덧셈의 원리 ● 계산 방법 이해

자릿값

십진법에 따라 수는 자리마다 다른 값을 가집니다. 자릿값 개념은 수를 이해하는 기초일 뿐만 아니라 이후 큰 수의 계산, 소수의 계산에서도 중요한 역할을 합니다. 따라서 일, 십, 백의 자리를 명확히 알게 하여 계산 결과를 알맞게 쓰도록 지도해 주세요.

04 가로셈

107~109쪽

① 12	② 53	③ 75
④ 67	⑤ 69	⑥ 71
⑦ 50	⑧ 28	⑨ 86
⑩ 15	⑪ 37	⑫ 41
⑬ 11	⑭ 96	
⑮ 26	⑯ 97	⑰ 29
⑱ 94	⑲ 74	⑳ 45
㉑ 25	㉒ 19	㉓ 66
㉔ 76	㉕ 43	㉖ 42
㉗ 34	㉘ 73	㉙ 89
㉚ 65	㉛ 16	㉜ 63
㉝ 85	㉞ 72	㉟ 32
㊱ 52	㊲ 55	㊳ 27
㊴ 98	㊵ 93	㊶ 56
㊷ 95	㊸ 61	㊹ 92
㊺ 77	㊻ 24	㊼ 57
㊽ 88	㊾ 17	㊿ 22
51 35	52 91	53 78
54 14	55 62	56 83
57 59	58 23	59 33
60 46	61 48	62 39

덧셈의 원리 ● 계산 방법 이해

05 꼭대기에 있는 수 더하기 110~111쪽

① 12, 22, 32, 42
② 38, 48, 58, 68
③ 16, 36, 56, 76
④ 43, 53, 63, 73
⑤ 65, 75, 85, 95
⑥ 89, 79, 69, 59
⑦ 47, 37, 27, 17
⑧ 74, 64, 54, 44
⑨ 86, 66, 46, 26
⑩ 11, 12, 13, 14
⑪ 21, 23, 25, 27
⑫ 32, 34, 36, 38
⑬ 45, 46, 47, 48
⑭ 86, 87, 88, 89
⑮ 64, 63, 62, 61
⑯ 57, 55, 53, 51
⑰ 78, 76, 74, 72
⑱ 99, 98, 97, 96

덧셈의 원리 ● 증가

06 여러 가지 수 더하기 112~113쪽

① 32, 33, 34
② 15, 16, 17
③ 51, 52, 53
④ 94, 96, 98
⑤ 76, 77, 78
⑥ 42, 43, 44
⑦ 69, 68, 67
⑧ 87, 86, 85
⑨ 28, 27, 26
⑩ 75, 74, 73
⑪ 39, 37, 35
⑫ 57, 56, 55
⑬ 54, 64, 74
⑭ 36, 46, 56
⑮ 12, 32, 52
⑯ 71, 81, 91
⑰ 47, 57, 67
⑱ 69, 79, 89
⑲ 45, 35, 25
⑳ 83, 63, 43
㉑ 58, 48, 38
㉒ 96, 86, 76
㉓ 41, 31, 21
㉔ 72, 62, 52

덧셈의 원리 ● 계산 원리 이해

07 내가 만드는 덧셈식 114쪽

① 예 6 / 26
② 예 8 / 58
③ 예 1 / 71
④ 예 7 / 97
⑤ 예 0 / 40
⑥ 예 2 / 12
⑦ 예 3 / 83
⑧ 예 3 / 33
⑨ 예 5 / 45
⑩ 예 9 / 19
⑪ 예 3 / 23
⑫ 예 6 / 76
⑬ 예 1 / 81
⑭ 예 4 / 64

덧셈의 감각 ● 덧셈의 다양성

08 수를 덧셈식으로 나타내기 115쪽

① 4, 2 / 2, 4
② 1, 7 / 7, 1
③ 3, 6 / 6, 3
④ 7, 4 / 4, 7
⑤ 5, 9 / 9, 5
⑥ 4, 5 / 5, 4
⑦ 9, 3 / 3, 9
⑧ 2, 1 / 1, 2
⑨ 6, 2 / 2, 6
⑩ 8, 9 / 9, 8

덧셈의 감각 ● 수의 조작

6 받아올림, 받아내림이 없는 (몇십몇)±(몇)

일의 자리끼리 계산하고 십의 자리에는 계산이 없는 학습으로 같은 자리끼리의 계산이 본격적으로 시작됩니다. 같은 자리 수끼리 계산해야 하는 이유는 '같은 숫자라도 자리에 따라 나타내는 수가 다르기 때문'입니다. 받아올림, 받아내림이 없는 단계에서 자리별 계산 원리를 충분히 이해하고 숙지할 수 있도록 지도해 주세요.

자릿값

십진법에 따라 수는 자리마다 다른 값을 가집니다. 예를 들어 33에서 모든 자리의 숫자가 3이지만 십의 자리 숫자는 30, 일의 자리 숫자는 3을 나타냅니다. 이렇듯 자리에 따라 나타내는 수가 다르기 때문에 각 자리별로 계산해야 합니다. 자릿값에 따른 계산 원리는 중등의 '다항식의 계산'으로 이어집니다. $3a+2b+4a$와 같은 식에서 a항끼리는 계산할 수 있지만 a항과 b항은 계산할 수 없는 것과 같은 원리입니다. 따라서 학생들이 자리별로 계산하는 이유를 생각하면서 계산하고 '항'의 개념을 경험해 볼 수 있도록 지도해 주세요.

01 단계에 따라 덧셈하기 118쪽

① 7 / 17　② 7 / 17　③ 8 / 28
④ 7 / 77　⑤ 6 / 46　⑥ 9 / 89
⑦ 6 / 36　⑧ 3 / 93　⑨ 5 / 85
⑩ 9 / 29　⑪ 6 / 76　⑫ 4 / 64
⑬ 9 / 49　⑭ 8 / 58　⑮ 8 / 28

덧셈의 원리 ● 계산 원리 이해

02 세로셈으로 더하기 119~121쪽

① 17　② 26　③ 39　④ 14
⑤ 49　⑥ 59　⑦ 75　⑧ 98
⑨ 66　⑩ 72　⑪ 85　⑫ 29
⑬ 68　⑭ 19　⑮ 64　⑯ 39
⑰ 98　⑱ 55
⑲ 19　⑳ 48　㉑ 87　㉒ 39
㉓ 78　㉔ 29　㉕ 69　㉖ 97
㉗ 39　㉘ 17　㉙ 29　㉚ 58
㉛ 47　㉜ 88　㉝ 18　㉞ 39
㉟ 79　㊱ 28　㊲ 93　㊳ 59
㊴ 38　㊵ 74　㊶ 59　㊷ 88
㊸ 26　㊹ 59　㊺ 77　㊻ 29
㊼ 65　㊽ 98　㊾ 29　㊿ 49
51 38　52 84　53 55　54 17
55 67　56 49　57 99　58 77

덧셈의 원리 ● 계산 방법 이해

03 가로셈으로 더하기 122~124쪽

① 19　② 37　③ 98
④ 98　⑤ 87　⑥ 49
⑦ 56　⑧ 36　⑨ 19
⑩ 88　⑪ 55　⑫ 39
⑬ 14　⑭ 39　⑮ 57
⑯ 54　⑰ 48　⑱ 34
⑲ 89　⑳ 19　㉑ 85
㉒ 48　㉓ 29　㉔ 58
㉕ 75　㉖ 17　㉗ 89
㉘ 35　㉙ 67　㉚ 97
㉛ 48　㉜ 56　㉝ 29
㉞ 87　㉟ 76　㊱ 39
㊲ 27　㊳ 56　㊴ 49
㊵ 69　㊶ 47　㊷ 38
㊸ 66　㊹ 78　㊺ 59
㊻ 48　㊼ 29　㊽ 28
㊾ 57　㊿ 27　51 37
52 97　53 98　54 78
55 52　56 47　57 46
58 34　59 94　60 67
61 86　62 98　63 59

덧셈의 원리 ● 계산 방법 이해

04 단계에 따라 뺄셈하기 125쪽

① 6 / 16	② 4 / 14	③ 1 / 21
④ 3 / 63	⑤ 0 / 70	⑥ 4 / 54
⑦ 3 / 43	⑧ 2 / 12	⑨ 3 / 83
⑩ 0 / 60	⑪ 2 / 22	⑫ 7 / 37
⑬ 4 / 24	⑭ 5 / 95	⑮ 6 / 56

뺄셈의 원리 ● 계산 원리 이해

05 세로셈으로 빼기 126~128쪽

① 12	② 21	③ 34	④ 43
⑤ 91	⑥ 74	⑦ 26	⑧ 62
⑨ 70	⑩ 92	⑪ 32	⑫ 55
⑬ 53	⑭ 81	⑮ 77	⑯ 10
⑰ 61	⑱ 42	⑲ 20	⑳ 84
㉑ 60	㉒ 11	㉓ 72	㉔ 35
㉕ 72	㉖ 51	㉗ 47	㉘ 11
㉙ 22	㉚ 51	㉛ 26	㉜ 91
㉝ 33	㉞ 93	㉟ 62	㊱ 83
㊲ 42	㊳ 13	㊴ 51	㊵ 70
㊶ 73	㊷ 25	㊸ 35	㊹ 51
㊺ 65	㊻ 41	㊼ 12	㊽ 81
㊾ 50	㊿ 71	51 23	52 32
53 45	54 82	55 94	56 16
57 61	58 20	59 35	60 64

뺄셈의 원리 ● 계산 방법 이해

06 가로셈으로 빼기 129~131쪽

① 11	② 24	③ 41
④ 62	⑤ 20	⑥ 58
⑦ 23	⑧ 54	⑨ 70
⑩ 81	⑪ 45	⑫ 87
⑬ 50	⑭ 76	⑮ 65
⑯ 90	⑰ 82	⑱ 11
⑲ 52	⑳ 41	㉑ 73
㉒ 35	㉓ 72	㉔ 44
㉕ 80	㉖ 61	㉗ 57
㉘ 33	㉙ 33	㉚ 11
㉛ 13	㉜ 50	㉝ 94
㉞ 91	㉟ 43	㊱ 77
	㊲ 93	㊳ 55
	㊴ 90	㊵ 72
㊶ 44	㊷ 60	㊸ 22
㊹ 72	㊺ 81	㊻ 92
㊼ 34	㊽ 13	㊾ 56
㊿ 67	51 72	52 21
53 41	54 53	55 82
56 71	57 92	58 62
59 30	60 53	61 12

뺄셈의 원리 ● 계산 방법 이해

07 여러 가지 수를 더하거나 빼기 132~133쪽

① 17, 18, 19	② 87, 88, 89	③ 25, 26, 27
④ 45, 47, 49	⑤ 54, 56, 58	⑥ 64, 66, 68
⑦ 29, 28, 27	⑧ 86, 85, 84	⑨ 76, 75, 74
⑩ 58, 56, 54	⑪ 36, 34, 32	⑫ 99, 97, 95
⑬ 23, 22, 21	⑭ 53, 52, 51	⑮ 63, 62, 61
⑯ 44, 42, 40	⑰ 94, 92, 90	⑱ 35, 33, 31
⑲ 71, 72, 73	⑳ 32, 33, 34	㉑ 15, 16, 17
㉒ 61, 63, 65	㉓ 20, 22, 24	㉔ 84, 86, 88

덧셈과 뺄셈의 원리 ● 계산 원리 이해

08 다르면서 같은 계산 134~135쪽

① 69, 69, 69	② 19, 19, 19	③ 39, 39, 39
④ 26, 26, 26	⑤ 16, 16, 16	⑥ 58, 58, 58
⑦ 49, 49, 49	⑧ 57, 57, 57	⑨ 48, 48, 8
⑩ 37, 37, 37	⑪ 29, 29, 29	⑫ 78, 78, 78
⑬ 41, 41, 41	⑭ 84, 84, 84	⑮ 22, 22, 22
⑯ 13, 13, 13	⑰ 60, 60, 60	⑱ 74, 74, 74
⑲ 34, 34, 34	⑳ 55, 55, 55	㉑ 91, 91, 3
㉒ 72, 72, 72	㉓ 21, 21, 21	㉔ 54, 54, 54

덧셈과 뺄셈의 원리 ● 계산 원리 이해

09 +, − 기호 넣기 136쪽

① +, −	② +, −
③ −, +	④ +, −
⑤ +, −	⑥ +, −
⑦ −, +	⑧ +, −
⑨ −, +	⑩ −, +

덧셈과 뺄셈의 감각 ● 증가, 감소

10 수를 식으로 나타내기 137쪽

① 6, 3, 2	② 7, 5, 1
③ 9, 4, 0	④ 8, 3, 1
⑤ 1, 0, 1	⑥ 2, 2, 6
⑦ 1, 2, 4	⑧ 5, 1, 3

덧셈과 뺄셈의 감각 ● 수의 조작

7 받아올림, 받아내림이 없는 (몇십몇)±(몇십몇)

같은 자리 수끼리 계산하는 학습이므로 자리별로 계산하는 이유에 대해 충분히 이해할 수 있도록 합니다. 또한 덧셈과 뺄셈의 원리에 따른 다양한 문제를 통해 연산 감각을 기르고 덧셈과 뺄셈의 상호 관계에 대해서도 짚어 봅니다.

01 세로셈으로 더하기 140~142쪽

① 40	② 40	③ 50	④ 80
⑤ 80	⑥ 60	⑦ 70	⑧ 70
⑨ 60	⑩ 70	⑪ 90	⑫ 50
⑬ 90	⑭ 80	⑮ 80	⑯ 30
⑰ 20	⑱ 90	⑲ 60	⑳ 70
㉑ 73	㉒ 96	㉓ 75	㉔ 87
㉕ 82	㉖ 59	㉗ 91	㉘ 22
㉙ 53	㉚ 74	㉛ 95	㉜ 87
㉝ 99	㉞ 76		
㉟ 55	㊱ 62		
㊲ 79	㊳ 64	㊴ 95	㊵ 83
㊶ 37	㊷ 47	㊸ 58	㊹ 95
㊺ 69	㊻ 66	㊼ 99	㊽ 89
㊾ 46	㊿ 95	(51) 78	(52) 84
(53) 87	(54) 68	(55) 95	(56) 63

덧셈의 원리 ● 계산 방법 이해

02 가로셈으로 더하기

143~145쪽

① 90	② 90	③ 50
④ 80	⑤ 20	⑥ 30
⑦ 70	⑧ 80	⑨ 60
⑩ 40	⑪ 90	⑫ 80
⑬ 60	⑭ 80	⑮ 60
⑯ 40	⑰ 70	⑱ 50
⑲ 90	⑳ 90	㉑ 80
㉒ 93	㉓ 71	㉔ 63
㉕ 92	㉖ 78	㉗ 67
㉘ 56	㉙ 76	㉚ 79
㉛ 82	㉜ 85	㉝ 87
㉞ 94	㉟ 82	㊱ 75
㊲ 63	㊳ 66	㊴ 99
㊵ 41	㊶ 74	㊷ 92
㊸ 34	㊹ 69	㊺ 89
㊻ 48	㊼ 76	㊽ 74
㊾ 77	㊿ 78	(51) 96
(52) 84	(53) 92	(54) 59
(55) 79	(56) 86	(57) 67
(58) 48	(59) 82	(60) 57
(61) 86	(62) 69	(63) 94

덧셈의 원리 ● 계산 방법 이해

03 세로셈으로 빼기

146~148쪽

① 40	② 20	③ 50	④ 10
⑤ 70	⑥ 60	⑦ 0	⑧ 20
⑨ 30	⑩ 20	⑪ 0	⑫ 20
⑬ 60	⑭ 20	⑮ 80	⑯ 10
⑰ 40	⑱ 30	⑲ 40	⑳ 20
㉑ 26	㉒ 52	㉓ 39	㉔ 21
㉕ 14	㉖ 16	㉗ 28	㉘ 5
㉙ 24	㉚ 67	㉛ 16	㉜ 32
㉝ 27	㉞ 15	㉟ 23	㊱ 9
㊲ 69	㊳ 17	㊴ 56	㊵ 13
㊶ 11	㊷ 15	㊸ 60	㊹ 42
㊺ 13	㊻ 3	㊼ 34	㊽ 24
㊾ 13	㊿ 26	(51) 51	(52) 61
(53) 30	(54) 18	(55) 25	(56) 57
(57) 5	(58) 21	(59) 40	(60) 54

뺄셈의 원리 ● 계산 방법 이해

04 가로셈으로 빼기 149~151쪽

① 20 ② 70 ③ 60
④ 40 ⑤ 60 ⑥ 30
⑦ 50 ⑧ 30 ⑨ 40
⑩ 40 ⑪ 20 ⑫ 10
⑬ 50 ⑭ 30 ⑮ 70
⑯ 30 ⑰ 60 ⑱ 20
⑲ 80 ⑳ 30 ㉑ 20
㉒ 22 ㉓ 19 ㉔ 48
㉕ 76 ㉖ 21 ㉗ 7
㉘ 12 ㉙ 13 ㉚ 24
㉛ 39 ㉜ 35 ㉝ 22
㉞ 11 ㉟ 29 ㊱ 12
㊲ 35 ㊳ 37 ㊴ 33
㊵ 34 ㊶ 28 ㊷ 68
㊸ 37 ㊹ 25 ㊺ 14
㊻ 43 ㊼ 21 ㊽ 32
㊾ 52 ㊿ 35 (51) 16
(52) 81 (53) 30 (54) 41
(55) 23 (56) 51 (57) 13
(58) 53 (59) 12
(60) 71 (61) 61

빨셈의 원리 ● 계산 방법 이해

05 여러 가지 수를 더하거나 빼기 152~153쪽

① 77, 87, 97 ② 43, 53, 63
③ 37, 38, 39 ④ 47, 48, 49
⑤ 92, 82, 72 ⑥ 84, 74, 64
⑦ 59, 58, 57 ⑧ 99, 98, 97
⑨ 37, 27, 17 ⑩ 22, 12, 2
⑪ 35, 34, 33 ⑫ 13, 12, 11
⑬ 14, 24, 34 ⑭ 11, 21, 31
⑮ 22, 23, 24 ⑯ 61, 62, 63

덧셈과 뺄셈의 원리 ● 계산 원리 이해

06 다르면서 같은 계산 154~155쪽

① 70, 70, 70 ② 50, 50, 50
③ 76, 76, 76 ④ 95, 95, 95
⑤ 80, 80, 80 ⑥ 90, 90, 90
⑦ 55, 55, 55 ⑧ 48, 48, 36
⑨ 40, 40, 40 ⑩ 60, 60, 60
⑪ 11, 11, 11 ⑫ 52, 52, 52
⑬ 20, 20, 20 ⑭ 50, 50, 50
⑮ 37, 37, 37 ⑯ 23, 23, 14

덧셈과 뺄셈의 원리 ● 계산 원리 이해

07 세 수로 덧셈, 뺄셈하기 156~157쪽

① 42, 42, 12, 30 ② 28, 28, 12, 16
③ 54, 54, 22, 32 ④ 39, 39, 12, 27
⑤ 66, 66, 20, 46 ⑥ 78, 78, 18, 60
⑦ 74, 74, 23, 51 ⑧ 96, 96, 14, 82
⑨ 58, 58, 15, 43 ⑩ 68, 68, 32, 36
⑪ 89, 89, 25, 64 ⑫ 77, 77, 11, 66

덧셈과 뺄셈의 성질 ● 덧셈과 뺄셈의 관계

덧셈과 뺄셈의 관계

덧셈과 뺄셈은 서로 역연산입니다. 역연산이란 계산한 결과를 계산을 하기 전의 수 또는 식으로 되돌아가게 하는 것을 말합니다.
역연산의 원리를 이해하는 것은 수 감각의 중요한 요소이지만 이해하기 힘들어하는 학생들도 많습니다. 덧셈식과 뺄셈식에서의 각 수를 부분과 전체로 연결 지어 보도록 하면 역연산의 원리를 인식하는 데 도움이 됩니다.

08 처음 수와 같아지는 계산 158쪽

① 55, 44, 32, 43
② 43, 65, 43, 78
③ 45, 24, 45, 13
④ 78, 35, 78, 52
⑤ 26, 13, 34, 47
⑥ 73, 97, 85, 61

덧셈과 뺄셈의 성질 ● 덧셈과 뺄셈의 관계

09 양쪽을 같게 만들기 159 쪽

① 6　② 20
③ 8　④ 70
⑤ 6　⑥ 30
⑦ 9　⑧ 50
⑨ 4　⑩ 60
⑪ 2　⑫ 50
⑬ 1　⑭ 10

덧셈과 뺄셈의 성질 ● 등식

등식

등식은 =의 양쪽 값이 같음을 나타낸 식입니다. 수학 문제를 풀 때 결과를 =의 오른쪽에 자연스럽게 쓰지만 학생들이 =의 의미를 간과한 채 사용하기 쉽습니다. 간단한 연산 문제를 푸는 시기부터 등식의 개념을 이해하고 =를 사용한다면 초등 고학년, 중등으로 이어지는 학습에서 등식, 방정식의 개념을 쉽게 이해할 수 있습니다.

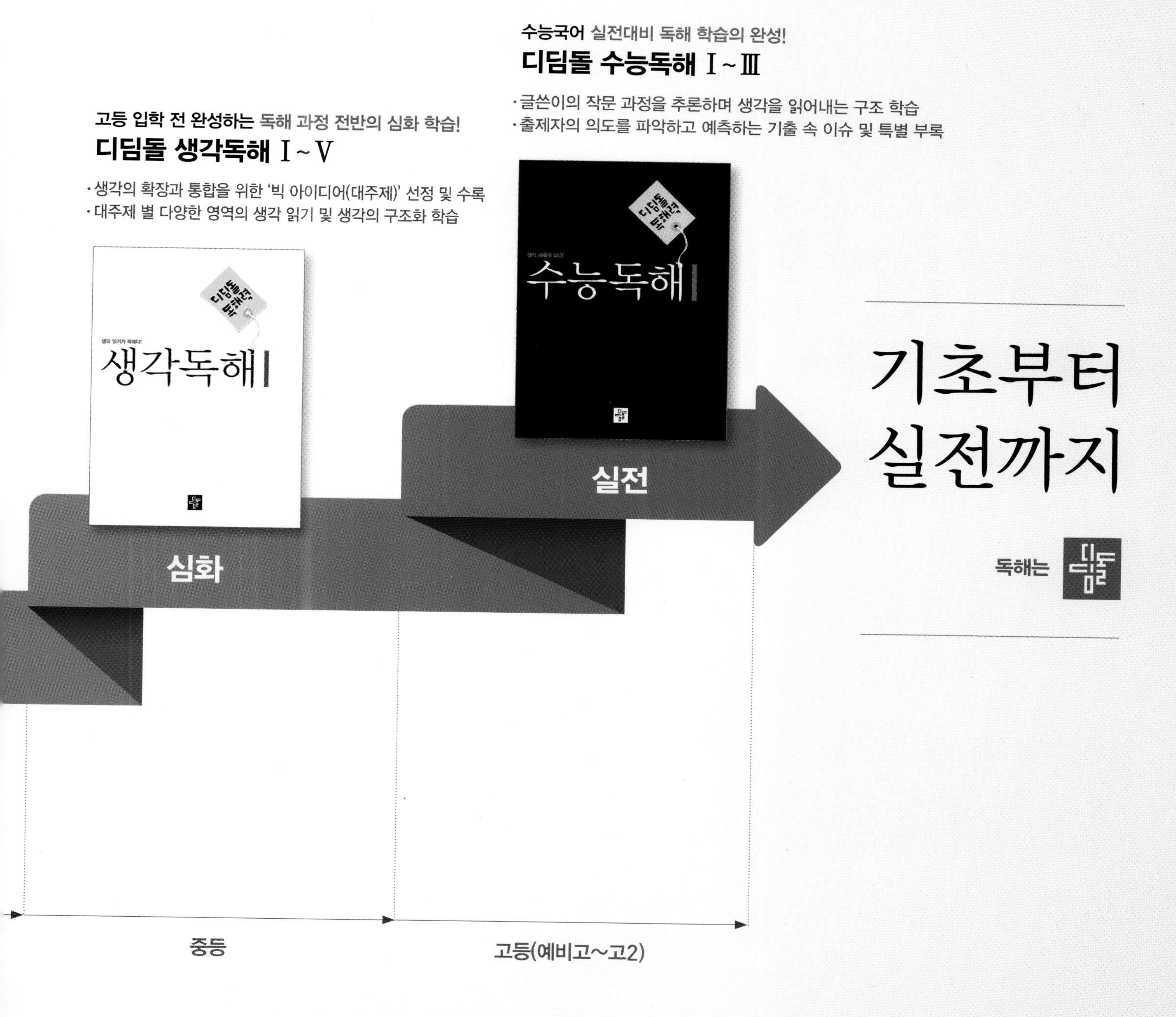
수능국어 실전대비 독해 학습의 완성!
디딤돌 수능독해 Ⅰ~Ⅲ
·글쓴이의 작문 과정을 추론하며 생각을 읽어내는 구조 학습
·출제자의 의도를 파악하고 예측하는 기출 속 이슈 및 특별 부록
고등 입학 전 완성하는 독해 과정 전반의 심화 학습!
디딤돌 생각독해 Ⅰ~Ⅴ
·생각의 확장과 통합을 위한 '빅 아이디어(대주제)' 선정 및 수록
·대주제 별 다양한 영역의 생각 읽기 및 생각의 구조화 학습
수능독해 Ⅰ
생각독해 Ⅰ
실전
심화
기초부터
실전까지
독해는 디딤돌
중등
고등(예비고~고2)